Manuel Zak

Einfluss pflanzlicher Biofilmträger auf die Vergärung von Speiseresten

Manuel Zak

Einfluss pflanzlicher Biofilmträger auf die Vergärung von Speiseresten

Energie aus organischen Abfällen

Südwestdeutscher Verlag für Hochschulschriften

Impressum/Imprint (nur für Deutschland/only for Germany)
Bibliografische Information der Deutschen Nationalbibliothek: Die Deutsche Nationalbibliothek verzeichnet diese Publikation in der Deutschen Nationalbibliografie; detaillierte bibliografische Daten sind im Internet über http://dnb.d-nb.de abrufbar.
Alle in diesem Buch genannten Marken und Produktnamen unterliegen warenzeichen-, marken- oder patentrechtlichem Schutz bzw. sind Warenzeichen oder eingetragene Warenzeichen der jeweiligen Inhaber. Die Wiedergabe von Marken, Produktnamen, Gebrauchsnamen, Handelsnamen, Warenbezeichnungen u.s.w. in diesem Werk berechtigt auch ohne besondere Kennzeichnung nicht zu der Annahme, dass solche Namen im Sinne der Warenzeichen- und Markenschutzgesetzgebung als frei zu betrachten wären und daher von jedermann benutzt werden dürften.

Coverbild: www.ingimage.com

Verlag: Südwestdeutscher Verlag für Hochschulschriften GmbH & Co. KG
Heinrich-Böcking-Str. 6-8, 66121 Saarbrücken, Deutschland
Telefon +49 681 37 20 271-1, Telefax +49 681 37 20 271-0
Email: info@svh-verlag.de

Zugl.: Ulm, Universität, Diss., 2012

Herstellung in Deutschland (siehe letzte Seite)
ISBN: 978-3-8381-3429-1

Imprint (only for USA, GB)
Bibliographic information published by the Deutsche Nationalbibliothek: The Deutsche Nationalbibliothek lists this publication in the Deutsche Nationalbibliografie; detailed bibliographic data are available in the Internet at http://dnb.d-nb.de.
Any brand names and product names mentioned in this book are subject to trademark, brand or patent protection and are trademarks or registered trademarks of their respective holders. The use of brand names, product names, common names, trade names, product descriptions etc. even without a particular marking in this works is in no way to be construed to mean that such names may be regarded as unrestricted in respect of trademark and brand protection legislation and could thus be used by anyone.

Cover image: www.ingimage.com

Publisher: Südwestdeutscher Verlag für Hochschulschriften GmbH & Co. KG
Heinrich-Böcking-Str. 6-8, 66121 Saarbrücken, Germany
Phone +49 681 37 20 271-1, Fax +49 681 37 20 271-0
Email: info@svh-verlag.de

Printed in the U.S.A.
Printed in the U.K. by (see last page)
ISBN: 978-3-8381-3429-1

Copyright © 2012 by the author and Südwestdeutscher Verlag für Hochschulschriften GmbH & Co. KG and licensors
All rights reserved. Saarbrücken 2012

für

Nicole

Nur wer innere Ordnung hat, hat innere Kraft.
(Konrad Adenauer, 1876 – 1967)

	Zusammenfassung	I
	Summary	III
1	Einleitung und Zielsetzung	1
1.1	Die anaerobe Methanbildung	3
1.1.1	Mikrobielles Wachstum	4
1.1.2	Stoffwechselreaktionen (Stufen)	6
1.1.3	Puffersysteme	9
1.1.4	Biofilme und Syntrophie	16
1.2	Die technische Biogasproduktion	20
1.2.1	Input	21
1.2.1.1	Substrate und Trockensubstanzgehalte	21
1.2.1.2	Aufbereitung der Substrate	22
1.2.2	Vergärung	24
1.2.2.1	Verfahren zur Biogasproduktion	24
1.2.2.2	Physikalische und technische Prozessparameter	26
1.2.2.2.1	Temperatur	26
1.2.2.2.2	Raumbelastung, Verweilzeit und Abbaugrad	29
1.2.2.3	Chemische Prozessparameter	32
1.2.2.3.1	Organische Säuren, pH-Wert und Pufferkapazität	32
1.2.2.3.2	CO_2-Partialdruck (pCO_2)	37
1.2.2.3.3	Schwefelwasserstoff	38
1.2.2.3.4	Ammoniak/Ammonium	40
1.2.2.3.5	Nährstoffe	42
1.2.2.3.6	Schaum	43

1.2.3	Output	44
1.2.3.1	Gasausbeute	44
1.2.3.2	Biogasnutzung	49
1.2.3.3	Gärrest	50
1.2.3.4	Emissionen	50
1.3	Wissenschaftliche Fragestellungen	51
1.3.1	Energetischer und stofflicher Kreislauf	51
1.3.2	Bioabfall als Energiequelle	52
1.3.3	Bedeutung von Biofilmen bei der Vergärung von flüssigen Bioabfällen	53
2	Material und Methoden	55
2.1	Substrate	55
2.2	Analyse der Biofilmträger	57
2.3	Biogasproduktion	58
2.3.1	Biogasproduktion im Labormaßstab	58
2.3.1.1	Laborbiogasanlage	58
2.3.1.2	Diskontinuierliche Fermentationen	63
2.3.1.3	Kontinuierliche Fermentationen	64
2.3.2	Biogasproduktion im Praxismaßstab	65
2.4	Analysen und Geräte	68
2.4.1	O_2-Konzentration	68
2.4.2	CO_2-Partialdruck (pCO_2)	68
2.4.3	Biogasvolumen und Methangehalt	68
2.4.4	pH- und FOS/TAC-Wert	69

2.4.5		Flüchtige organische Verbindungen	69
2.4.6		TS- und oTS-Bestimmung	70
2.4.7		Energiegehalt, C/N-Gehalt und Bilanzierung	70
2.4.8		Auswertung	72
3		Ergebnisse	73
3.1		Analyse der Biofilmträger	73
3.1.1		Blätter von *Typha*	73
3.1.2		Weizenstroh	75
3.2		Biogasproduktion	77
3.2.1		Diskontinuierliche Fermentationen im Labormaßstab	77
	3.2.1.1	Einzelauswertung	78
	3.2.1.2	Gesamtauswertung	111
3.2.2		Kontinuierliche Fermentationen im Labormaßstab	119
3.2.3		Kontinuierliche Fermentation im Praxismaßstab	132
4		Diskussion	134
4.1		Analyse der Biofilmträger	134
4.2		Biogasproduktion	135
4.2.1		Prozessstufen	135
4.2.2		Effizienz der Vergärung	141
4.2.3		Bedeutung für die Praxis	147
4.3		Schlußfolgerungen	150
5		Literatur	155

Zusammenfassung

Zu einem nachhaltigen Umgang mit Energie gehören sowohl ein sparsamer Verbrauch als auch eine hohe Wiederverwertung. So kann zum Beispiel chemisch gespeicherte Energie in organischen Abfällen bei der Vergärung effizient in den regenerativen, lager- und transportfähigen Energieträger Biogas umgewandelt werden. Abfälle aus der Lebensmittelherstellung und -verarbeitung haben durch ihre hohen Anteile an Kohlenhydraten, Fetten und Proteinen ein sehr großes Biogaspotential und werden sehr schnell unter Säurebildung abgebaut. Um Instabilitäten im Methanbildungsprozess zu vermeiden, können diese Substrate nur in geringeren Mengen vergoren werden, wodurch die absolute Biogasausbeute sinkt. Im Rahmen des schnellen und fast vollständigen Abbaus dieser Substrate fehlt gerade den methanbildenden mikrobiellen Gemeinschaften die Basis für ein syntrophes Wachstum, was in einigen Studien durch die positive Wirkung von Co-Substraten belegt werden konnte (Sasaki et al. 2007, Wang et al. 2010).
Um die Auswirkung von cellulosereichen pflanzlichen Strukturen als Biofilmträger auf die Vergärung energiereicher Substrate (v. a. Speisereste) bei höheren Inputmengen zu untersuchen, wurden Fermentationen im Labormaßstab (4 x 10 L) durchgeführt. Im Mittel konnten bei diesen Batch-Experimenten der spezifische Methanertrag bis zu 7 % und der Abbaugrad der organischen Trockensubstanz bis zu 10 % durch zusätzliche Biofilmträger gesteigert werden. Aus verfahrenstechnischen Gründen (Substrateintrag und Rührwerk) war es im anschließenden kontinuierlichen Betrieb nicht möglich, die pflanzlichen Strukturen vollständig in den Fermenterinhalt einzurühren, weshalb die positiven Effekte der vorangegangenen Batch-Fermentationen nicht erreicht werden konnten. Allerdings ist es gelungen, die so gewonnen

Erkenntnisse in einem 300 m³-Fermenter einer reststoffverwertenden Praxisbiogasanlage umzusetzen. Mit Stroh als Biofilmträger konnten, unter gleichzeitiger Steigerung des Speiseresteinputs, die absolute Methanausbeute um 43 % und die spezifische um 23 % gesteigert werden, ohne den stabilen Methanbildungsprozess zu gefährden. Aufgrund des langsamen Abbaus waren pflanzliche Biofilmträger selbst in geringen Mengen ausreichend, den Fermentationsprozess bei erhöhter Substratinputmenge zu stabilisieren und für eine schneller einsetzende Methanbildung mit zum Teil höheren Gasausbeuten zu sorgen.

Summary

To achieve sustainability energy saving consumption as well as high recycling rates are necessary. For instance, chemically bound energy of organic waste material can be transformed efficiently during the digestion process into biogas, a storable, portable and renewable energy source. Due to their high amounts of carbohydrates, fats and proteins, wastes of the food industry have huge biogas potentials and quickly decompose while acidification. To avoid process instability these substrates only get digested in minor amounts resulting in less absolute yields of biogas. By fast and almost complete decomposition these substrates lack of required surface for microbial syntrophic growth. It was proven, that the co-digestion with other substrates had a positive influence on the methane forming process (Sasaki et al. 2007, Wang et al. 2010). In this study laboratory-scaled experiments (4 x 10 L) were run to discover the effects of plant based biofilm-carriers while digesting higher loads of substrates rich in energy (e.g. food waste). In average of several batch experiments the specific methane yield could be increased up to 7 % and the grade of organic dry matter degradation up to 10 % when additional biofilm-carriers were supplied. Due to procedural conditions (feeding and mixing) of the laboratory biogas unit during continuous digestion the plant structures could not mixed completely into the digestion liquid. For this reasons the positive effects attributed to the addition of biofilm-carriers in the previous batch-digestions could not be achieved. But it was possible to realise those findings successfully in a 300 m^3 full-scaled digester of a co-digestion plant. Increasing the input of food waste and providing straw as a biofilm-carrier at the same time, the absolute yield of methane could be increased about 43 % and the specific one about 23 % without compromising the digestion process. Due to their slow decomposition plant biofilm-carriers were sufficient even in small amounts to stabilise the digestion process, to provide prior methane formation and in most instances higher gas yields at increased organic loads.

1 Einleitung und Zielsetzung

Die endlichen fossilen Energieressourcen, mit denen derzeit bis zu 88 % des weltweiten Energiebedarfs gedeckt werden (IEA 2006), sowie die zunehmende Erderwärmung stellen die wohl größten globalen Probleme unserer Zeit dar. Regenerative Energiequellen, die derzeit vor allem in den Industrieländern massiv ausgebaut werden, lösen gleich beide Probleme und schonen das Öl als wertvollen materiellen Rohstoff. Gerade bei pflanzlicher Biomasse besteht großes Potential, da in ihr jährlich etwa 10-mal so viel Energie gespeichert wird wie der Mensch verbraucht (Frey 1998). Der natürlich vorkommende Energieträger Methan entsteht als Hauptbestandteil eines brennbaren Gasgemischs beim anaeroben mikrobiellen Abbau (Faulen) von Biomasse. Abhängig vom Entstehungsort und der Zusammensetzung des Gasgemischs spricht man von Sumpfgas, Faulgas, Klärgas, Grubengas, Deponiegas oder im landwirtschaftlichen Bereich von Biogas. Letzteres besteht zu 55-70 % aus dem brennbaren Methan (CH_4) und zu 30-45 % aus Kohlenstoffdioxid (CO_2). Spuren anderer anorganischer (CO, H_2, H_2S, NH_3, N_2, N_2O, H_2O) sowie leicht flüchtiger organischer (C_1-C_6) Verbindungen können zudem im Biogas zu finden sein (Deublein & Steinhauser 2008, Gerardi 2003). Biogas ist ein regenerativer Energieträger, der sich gut speichern und transportieren lässt und auch als Rohstoff in der chemischen Industrie verwendet werden kann (Eder & Schulz 2006, Fehrenbach et al. 2008). Obwohl Biogas erst in den letzten 10 Jahren in das Bewusstsein der europäischen Bevölkerung gerückt ist, wurde in Indien bereits Ende des 19. Jahrhunderts Biogas zur Energieversorgung eingesetzt (Eder & Schulz 2006). Die ökonomische Verbreitung der Biogasnutzung hängt vor allem von der Weltenergiepolitik (z.B. während der Erdölschwemme von 1955-1972 und der Ölkrise von 1972-73) und den jeweiligen nationalen Gesetzgebungen (z.B.

dem Erneuerbare-Energien-Gesetz in Deutschland) ab. Unabhängig davon wurden stets kleine Biogasanlagen in Entwicklungsländern wie Indien, Südkorea, Taiwan und Malaysia zur privaten Energieversorgung gebaut (Eder & Schulz 2006, Jäkel & Mau 2003), wobei mit über 40 Millionen Haushaltsanlagen die meisten im ehemaligen Entwicklungsland China stehen (Li et al. 2011). In Deutschland gab es bis zum Ende des letzten Jahres genau 5.905 Biogasanlagen mit einer elektrischen Leistung von insgesamt 2.291 MW, wodurch bereits drei Steinkohle- oder fast zwei Atomkraftwerke ersetzt werden können (FNR 2011). Im Jahr 2011 sollen rund 7.000 Anlagen mit etwa 2.728 MW Leistung an das elektrische Stromnetz angeschlossen sein (Fachverband Biogas e.V 2011). Zu Beginn wurden die landwirtschaftlichen Biogasanlagen ausschließlich mit Wirtschaftsdünger (Exkremente aus der Nutztierhaltung) betrieben (Eder & Schulz 2006). Aufgrund höherer Rentabilität setzte man aber schon bald organische Reststoffe als Kofermente zu (Brückner 1997, Eder & Schulz 2006, Kühner 1998), womit der Gülleanteil derzeit nur noch bei etwa 45 % liegt (FNR 2011). Heute besteht etwa 46 % des Inputmaterials aus nachwachsenden Rohstoffen, mit einem Maisanteil von 76 % (FNR 2011). Daher wird oft angeführt, dass die Biogasproduktion in Konkurrenz zur Nahrungsmittelproduktion stehe und zur Intensivierung der Landwirtschaft geführt habe. Aber die Maisanbaufläche in Deutschland ist gleichgeblieben, wenn auch eine deutliche Verschiebung von der Futtermais- zur Energiemaisproduktion stattgefunden hat (BMELV 2011). Global gesehen besteht noch keine Konkurrenz zwischen Nahrung und Energie, weil genügend Nahrung vorhanden ist. Da lokale Überschüsse aber nicht ohne Weiteres in Entwicklungsländer transportiert werden können (Nentwig 2005), ist die Umwandlung in klimaeffizientes Biogas durchaus sinnvoll (Bronner 2010).

1.1 Die anaerobe Methanbildung

Die Biogasbildung zur Energieproduktion ist die technische Umsetzung des natürlich vorkommenden anaeroben mikrobiellen Abbaus von organischem Material. Die Gärung wird als „Anaerober Katabolismus einer organischen Verbindung, in dem die Verbindung sowohl als Elektronendonor als auch als Elektronenakzeptor dient und ATP durch Substratkettenphosphorylierung produziert wird", definiert (Madigan et al. 2000). Das bedeutet, dass die Mikroorganismen neben der Oxidation des Kohlenstoffs einen Teil davon reduzieren müssen, weil keine anorganischen Elektronenakzeptoren (wie Sauerstoff, Stickstoff, usw.) vorhanden sind. Die Reduktion des Kohlenstoffs zu Methan (CH_4) kann ausschließlich durch Archaeen erfolgen, die zwar auch wie die Bakterien zu den Prokaryoten gezählt werden, aber nicht näher mit diesen verwandt sind (Madigan et al. 2000). Die vielen unterschiedlichen Mikroorganismengruppen bevorzugen zum Teil unterschiedliche Umgebungsbedingungen (Madigan et al. 2000, Schink 1997) und dennoch laufen alle Stoffwechselprozesse, günstig für die Methanbildung, gepuffert in leicht alkalischem Milieu ab (Deublein & Steinhauser 2008, Eder & Schulz 2006, Georgacakis et al. 1982).

Zunächst werden das mikrobielle Wachstum, ablaufende Stoffwechselreaktionen, die Bedeutung von Puffersystemen, Biofilmen und Syntrophie näher betrachtet. Im Anschluss werden die wichtigsten Aspekte, Parameter und möglichen Probleme der technischen Biogasproduktion dargestellt.

1.1.1 Mikrobielles Wachstum

Das mikrobielle Zellteilungswachstum gliedert sich in vier Phasen (Abb. 1). Zu Beginn des Batch-Ansatzes (engl. Ladung, Füllung) befinden sich die Zellen, aufgrund veränderter Umgebungsbedingungen, in einer Lag- oder Anlauf-Phase. Während dieser Phase, die unterschiedlich lang dauern kann, synthetisieren die Mikroorganismen fehlende, aber für weiteres Wachstum essentielle, Zellbestandteile. Ist diese Synthese abgeschlossen, gehen die Zellen in die Teilungsphase über und vermehren sich exponentiell. Die Wachstumsgeschwindigkeit ist jedoch neben der Art der Zellkultur auch von biotischen und abiotischen Faktoren abhängig. Durch Aufrechterhaltung gleichbleibender Umgebungsbedingungen (kontinuierlicher Betrieb) können die Zellen und somit auch deren Stoffwechselleistung in der exponentiellen Phase gehalten werden, was pro ml Biogasfermenterinhalt zu etwa 10^{10} mikrobiellen Zellen (Bengelsdorf 2011, Krakat et al. 2010), bei etwa 3-7% Methanogenen führen kann (Nettmann et al. 2010). Im Anschluss folgt die stationäre Phase, in der das exponentielle Wachstum vor allem durch Nahrungsmangel aber auch durch hemmende Stoffwechselprodukte (z.B. Säuren) begrenzt wird und die Zellen in eine Art Ruhestoffwechsel übergehen. Auf eine erneute Substratzufuhr während dieser stationären Phase würde wieder eine Lag-Phase folgen. Dauert aber diese Phase zu lang, sterben aufgrund Nahrungsmangel vermehrt Zellen ab (Madigan et al. 2000). Da die Gesamtstoffwechselaktivität der Population vor allem von der Anzahl der Zellen abhängt, hat der Methanbildungsverlauf einer Batch-Fermentation eine sehr große Ähnlichkeit mit dem Wachstumsverlauf einer Batch-Zellkultur (Abb. 2). Die am Biogasbildungsprozess beteiligten Mikroorganismen haben als Bestandteil einer Mischkultur sehr unterschiedliche Wachstumsgeschwindigkeiten (Abb. 3). So kann eine hohe Substratzufuhr in der stationären Phase zu einer erhöhten Gesamtstoffwechselleistung der schnellwachsenden säurebildenden Bakterien mit niedrigen pH-Werten und Lag-Phasen zwischen 20 und 30 Tagen im Biogasprozess führen (Pagés Díaz et al. 2011, Xie et al. 2011).

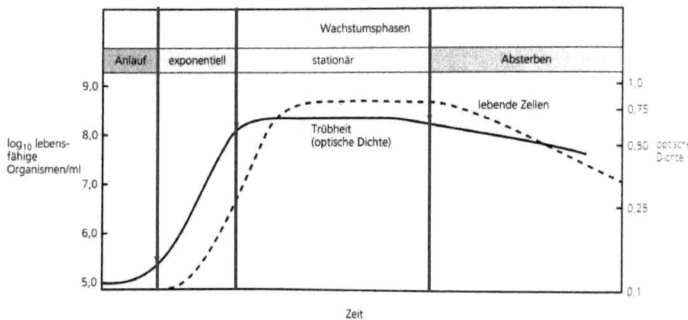

Abb. 1: Wachstumsphasen einer mikrobiellen Batch-Kultur (Madigan et al. 2000).

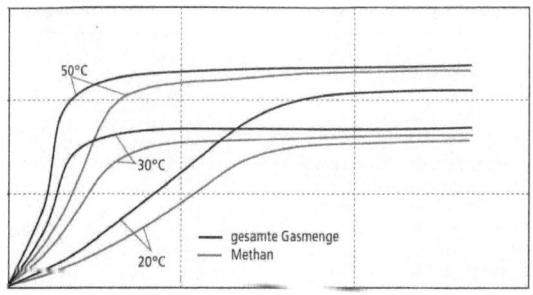

Abb. 2: Exemplarische Gasbildung während eines Batch-Ansatzes bei verschiedenen Temperaturen, (Eder & Schulz 2006).

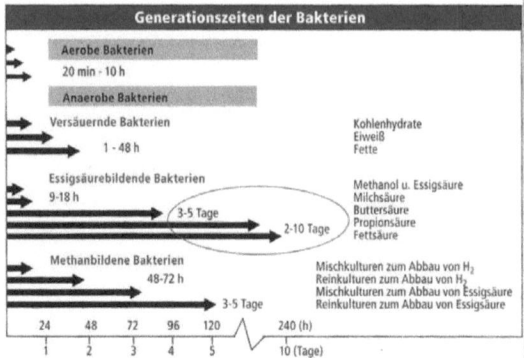

Abb. 3: Generationszeiten der Mikroorganismen im Biogasprozess aus Eder & Schulz (2006), nach Seyfried & Saake (1986); 1986 wurden die methanbildenden Mikroorganismen noch den Bakterien zugeordnet.

1.1.2 Stoffwechselreaktionen (Stufen)

Der Abbau von organischen Kohlenstoffverbindungen lässt sich in verschiedene Stufen gliedern (Abb. 4). Während der Hydrolyse und Acidogenese (Stufe I) werden die Polymere durch Primärgärer (u.a. der Klassen: *Clostridia* und *Bacteroidetes* (Klocke 2011, Krause et al. 2008)) zu Monomeren und im Anschluss zu Fettsäuren, Alkoholen, C_1-Verbindungen/CO_2, H_2 und Acetat abgebaut (1). In der Acetogenese (II) verstoffwechseln syntrophe sekundäre Gärer (u.a. der Gattungen: *Syntrophomonas*, *Syntrophobacter*, *Syntrophospora*, *Syntrophus* und *Smithella* (Bauer et al. 2009)) diese Alkohole und Fettsäuren ebenfalls zu C_1-Verbindungen/CO_2, H_2 und Acetat (2), wobei Acetat auch aus CO_2 und H_2 gebildet werden kann (3). Das Acetat wird durch die syntrophen sekundären Gärer weiter zu CO_2 und H_2 abgebaut (4), wobei der Wasserstoff durch hydrogenotrophe

Methanogene (z.B. der Familie: *Methanosarcinaceae* (Ferry & Lessner 2008) und Vertreter der Ordnungen *Methanobacteriales*, *Methanomicrobiales* und *Methanococcales* (Bauer et al. 2008, Karakashev et al. 2005, Karakashev et al. 2006, Lebuhn et al. 2008a, Nettmann et al. 2009)) unter Reduktion von CO_2 zu Methan oxidiert wird (5). Neben dieser hydrogenotrophen Methanbildung in Stufe III (Methanogenese) kann Methan auch durch Spaltung von Acetat (6) entstehen (z.B. durch Vertreter der Familie: *Methanosarcinaceae* und *Methanosaetaceae* (Karakashev et al. 2005)). Diese parallel ablaufenden Reaktionen befinden sich im thermodynamischen Gleichgewicht (Tab. 1). Die vorrangige Reaktionsrichtung hängt dabei stark von der Temperatur und den Konzentrationen an Edukten und Produkten ab (Schink 1997, Stams 1994) und kann mittels C-Markierungsexperimenten identifiziert werden (Laukenmann et al. 2010). Aus thermodynamischen Gründen kann die Acetatbildung (3) aus Wasserstoff und CO_2 nur bei niedrigen Temperaturen und Acetatkonzentrationen mit der hydrogenotrophen Methanbildung (5) konkurrieren (Cord-Ruwisch et al. 1988, Hao et al. 2011, Schink 1997). In Biogasanlagen dominiert bei höherer Raumbelastung der hydrogenotrophe Weg der Methanbildung (Bauer et al. 2008, Krause et al. 2008, Lebuhn & Gronauer 2009). Die Abbaurate von Acetat ist jedoch bei der syntrophen Oxidation (4+5) langsamer als bei der direkten Spaltung durch aceticlastische Methanogene (6) (Koster & Cramer 1987, Schnürer et al. 1999).

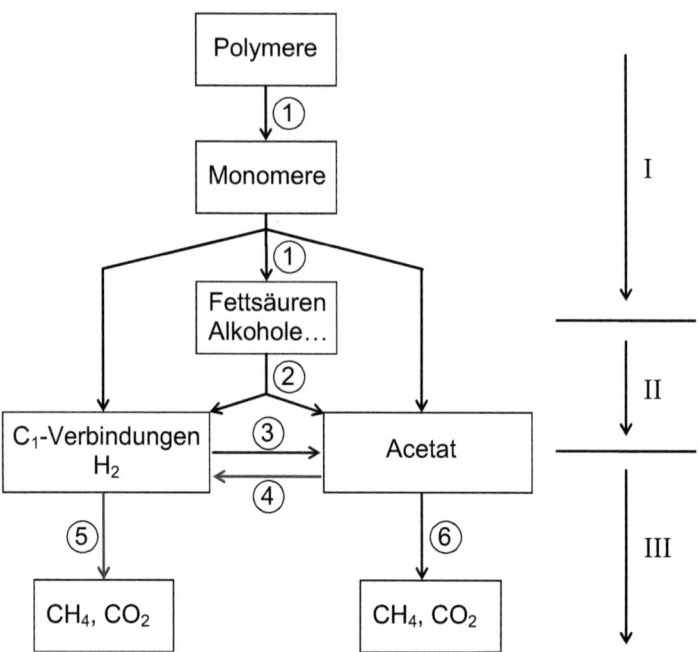

Abb. 4: Kohlenstoff- und Elektronenfluss durch die verschiedenen trophischen Stufen der Hydrolyse und Acidogenese (I), Acetogenese (II) und Methanogenese (III) während des anaeroben Abbaus von organischer Materie. Blau: Kohlenstoff- und Elektronenfluss v.a. bei niedriger Temperatur, niedriger Acetatkonzentration und einem pH-Wert < 7; Rot: Kohlenstoff- und Elektronenfluss v.a. bei hoher Temperatur (Biogasfermenter), hoher Acetatkonzentration und einem pH-Wert > 7; Bakteriengruppen: 1) Primärgärer 2) syntrophe sekundäre Gärer 3) Homoacetogene Bakterien 4) syntrophe sekundäre Gärer (Acetat Oxidierer) 5) wasserstoffoxidierende Methanogene 6) acetatspaltende Methanogene; modifiziert nach Schink (1997).

Tab. 1: Reaktionen des Essigsäure- und Wasserstoffmetabolismus, nach Hattori (2008) und Thauer et al. (1977); teilweise in Abb. 4 wiederzufinden. (*) bezeichnet den Verbleib der Acetat-Methylgruppe.

Nr.	Prozess	Reaktion			$\Delta G^{0`}$ [kJ mol^{-1}]
3	Hydrogenotrophe Acetogenese	$4H_2 + 2HCO_3^- + H^+$	→	$CH_3COO^- + 4H_2O$	-104,6
4	Syntrophe Acetat Oxidation	$*CH_3COO^- + 4H_2O$	→	$H*CO_3^- + 4H_2 + HCO_3^- + H^+$	+104,6
5	Hydrogenotrophe Methanogenese	$4H_2 + HCO_3^- + H^+$	→	$CH_4 + 3H_2O$	-135,6
	4+5	$*CH_3COO^- + H_2O$	→	$H*CO_3^- + CH_4$	-31,0
6	Aceticlastische Methanogenese	$*CH_3COO^- + H_2O$	→	$*CH_4 + HCO_3^-$	-31,0

In natürlichen Habitaten, zu denen auch kühle und saure Moore im Westen Sibiriens zählen (Kotsyurbenko et al. 2007), kommen oft beide Methanbildungswege, jedoch in unterschiedlicher Intensität, vor (Fey et al. 2004, Kotsyurbenko et al. 2007, Whiticar et al. 1986). Syntrophe Bakterien sind (ähnlich wie methanogene Archaeen) praktisch überall zu finden (ubiquitär) und teilweise zur Bildung resistenter Überdauerungsformen fähig, die in anaeroben Milieu wieder aktiv werden (Bauer et al. 2009).

1.1.3 Puffersysteme

In der Natur ist Leben oft nur innerhalb enger abiotischer Grenzen möglich (bzgl. Temperatur, pH-Wert, Salzgehalt usw.). Aus diesem Grund sind Puffersysteme von essentieller Bedeutung, um Schwankungen der Umgebungsbedingungen abzufangen (Campbell et al. 2005, Latscha et al. 2003, Zeeck et al. 2000). Bereits Mitte des letzten Jahrhunderts wurde die Chemie des anaeroben Abbaus näher untersucht und ein optimaler pH-Bereich zwischen 6,6 und 7,6 beobachtet (McCarty 1964). Ein chemischer Puffer besteht aus einer schwachen Säure und deren konjugierten Base. Dieses Paar stellt sowohl die Protonenquelle (für starke Basen) als auch die

Protonensenke (für starke Säuren) dar und stabilisiert so den pH-Wert (Atkins & Jones 2006). Die Pufferkapazität einer Lösung kann als die Menge starker Säure oder Base definiert werden, die benötigt wird, um den pH-Wert einer Lösung um eine Einheit zu verschieben. Sie ist von den pK_s-Werten und den Konzentrationen eines jeden beteiligten Puffers sowie dem pH-Wert der Lösung abhängig (Abb. 5) (Butler 1964, Henning et al. 1991). Die Henderson-Hasselbalch- oder Puffergleichung (1) beschreibt die Zusammenhänge in Pufferlösungen.

$$pH = pK_s + \log([A^-]/[HA]) \qquad (1)$$

Eine maximale Pufferwirkung gegen Säuren und gegen Basen liegt mit jeweils 50 % der undissoziierten (HA) und dissoziierten (A^-) Säure bei einem pH = pK_s vor (Henning et al. 1991, Latscha et al. 2003). Im Pufferbereich ($pK_s \pm 1$) ist jeder Partner des Säure/Base-Paares mit mindestens 10 % vertreten und so ändert sich der pH-Wert z.B. bei Säurezugabe (c_s) nur geringfügig (2).

$$pH = pK_s + \log(([A^-] - c_s)/([HA] + c_s)) \qquad (2)$$

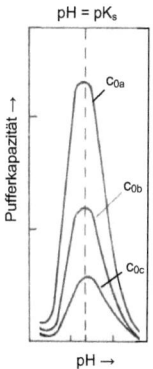

Abb. 5: Pufferkapazität in Abhängigkeit vom pH-Wert und der Gesamtkonzentration C_0 des Pufferpaares, nach Henning et al. (1991).

Das Fermenterpuffersystem besteht aus drei Einzelpuffern, dem Bicarbonat-, dem VFA- (volatile fatty acids; organische Säuren, v.a. Essigsäure) und dem Ammoniak-Puffer (Abb. 6) (Georgacakis et al. 1982, Pohland 1968). Der Bicarbonatpuffer stellt aufgrund seines pK_s-Wertes von 6,52 (Latscha et al. 2003) das Hauptpuffersystem im Biogasfermenter dar. Während der Ammoniak-Puffer (pK_s = 9,25) bei höheren pH-Bereichen und eiweißreichen Substraten eine größere Bedeutung hat, spielt der VFA-Puffer aufgrund des niedrigen pK_s-Wertes von 4,75 eine untergeordnete Rolle (Deublein & Steinhauser 2008, Latscha et al. 2003). Der pK_s-Wert nimmt mit steigender Temperatur ab. Bei 38 °C beträgt er für den Bicarbonatpuffer (H_2CO_3/HCO_3^-) nur noch 6,32 (Hobinger 1997).

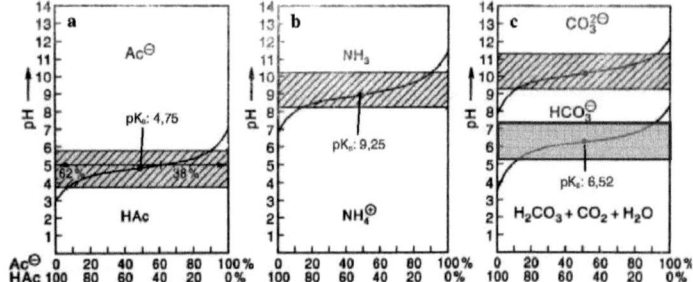

Abb. 6: Pufferkurven (=Titrationskurven) und Pufferbereiche (schraffiert) der drei relevanten Puffer (a: VFA-, b: Ammoniak- und c: Bicarbonat-Puffer) in Abhängigkeit von den pH-Werten sowie den Konzentrationsverhältnissen der Säure/Base-Paare, nach Latscha et al. (2003).

Innerhalb des Bicarbonat-Puffers stehen gelöstes CO_2 bzw. Kohlensäure, Hydrogencarbonat und Carbonat in einem pH-abhängigen Gleichgewicht (3) (Deublein & Steinhauser 2008, Gerardi 2003, McCarty 1964, O Lahav 2004). Aufgrund der nur leicht alkalischen pH-Werte spielt Carbonat während der Fermentation keine Rolle (Abb. 6).

$$H_2O + CO_2 \Leftrightarrow H_2CO_3 \Leftrightarrow HCO_3^- + H^+ \Leftrightarrow CO_3^{2-} + H^+ \qquad (3)$$

Da Kohlensäure eine sehr instabile Verbindung ist, liegt das Gleichgewicht sehr stark auf der Seite (~ 99,8 %) von gelöstem CO_2 (Hart et al. 2007).

Das beim anaeroben Abbau von Aminosäuren entstehende Ammoniak (NH_3) reagiert mit Wasser in einer pH-abhängigen Gleichgewichtsreaktion zu Ammonium (NH_4^+) und Hydroxidionen (OH^-), die den pH-Wert anheben (Latscha et al. 2003). Ammonium kann mit Hydrogencarbonat (HCO_3^-) zu Ammoniumhydrogencarbonat (NH_4HCO_3) reagieren (4), wodurch Hydrogencarbonat aus Kohlensäure nachgebildet wird (3), was die Pufferkapazität und den pH-Wert anhebt.

$$NH_4^+ + OH^- + H^+ + HCO_3^- \Leftrightarrow NH_4^+ + HCO_3^- + H_2O \Leftrightarrow NH_4HCO_3 \quad (4)$$

Säuren werden unter Bildung eines Ammoniumsalzes neutralisiert (5), während das entstehende Kohlenstoffdioxid nach Überschreiten der Löslichkeit in Wasser ausgast (Albertson 1961, Georgacakis et al. 1982, McCarty 1964).

$$HA + NH_4HCO_3 \Leftrightarrow NH_4A + H_2CO_3 \Leftrightarrow NH_4A + H_2O + CO_2\uparrow \quad (5)$$

Titriert man den flüssigen Fermenterinhalt mit starker Säure bzw. Base, so kann deren Verbrauch bis zu bestimmten pH-Werten in einer Titrationskurve dargestellt werden (Abb. 7 a). Durch Ableitung dieser Kurve erhält man den Verlauf der Fermenterpufferkapazität (Verbrauch der Säure bzw. Base pro pH-Einheit) (Abb. 7 c). Der stabilste pH-Bereich liegt um den zweiten Wendepunkt (= Äquivalenzpunkt bei etwa pH 7,9) dieser Kurve zwischen dem Bicarbonat- und Ammoniak-Puffer. In diesem Bereich verfügt der flüssige Fermenterinhalt aufgrund niedriger H_2CO_3- und NH_3-Konzentrationen über eine vergleichsweise geringe Pufferkapazität. Daher lässt die Zufuhr von Säure die H_2CO_3-Konzentration und die Zugabe von Base die NH_3-Konzentration stark ansteigen, was zur schnellen Änderung des pH-Wertes in diesem Bereich (7,6 bis 8,2) führt (siehe Gleichung 2). Zum ersten und dritten Wendepunkt nimmt die puffernde Wirkung stark zu (Georgacakis et al. 1982, Latscha et al. 2003), was die pH-Änderung abschwächt.

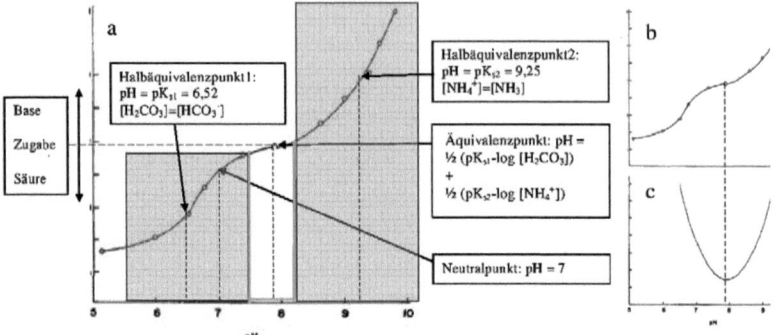

Abb. 7: (a+b) Titrationskurve und (c) Pufferkapazität als Ableitung der Titrationskurve bezogen auf den pH-Wert. Optimale Pufferbereiche rot und stabiler pH-Bereich grün markiert, nach Georgacakis et al. (1982).

Während der anaeroben Gärung im Fermenter liegen die drei Puffer in unterschiedlichen Konzentrationen bzw. Stärken vor, welche durch die Substratzufuhr beeinflusst werden und sich auf die Gesamtpufferkapazität und auch den pH-Wert auswirken (Abb. 8). Säuren werden unter Verbrauch von Hydrogencarbonat und Ammonium abgepuffert (Gleichung 5), womit die Kapazität dieser Puffer bei steigender Säurekonzentration (VFA-Puffer) abnimmt (Abb. 8, A→B→C). Dadurch verschiebt sich der stabile pH-Bereich des Fermentationsprozesses unter Verlust der Fermenterpufferkapazität zu geringeren pH-Werten (Abb. 8, 1→2→3). Sinkt der pH-Wert unter 7,4, beginnt das System instabil zu werden und der pH-Wert korreliert mit der Säurekonzentration im Fermenter (Hölker 2011). Der geringste noch stabile pH-Bereich liegt bei pH 6,8 bis 7,1 (Abb. 8, orangerote Markierung) zwischen dem VFA- und Ammoniak-Puffer. Da die Kapazität des Bicarbonatpuffers bei Nr. 3 aufgrund der großen Säurebelastung nahezu gänzlich erschöpft ist, führt ein weiterer Anstieg der Säurekonzentration schneller als zuvor zum

Absinken des pH-Wertes (Abb. 8, →4) und somit zum Versagen des Methanbildungsprozesses. Während eine Abnahme der Säurekonzentration den Bicarbonat- und Ammonium-Puffer sowie den pH-Wert wieder ansteigen lässt (Georgacakis et al. 1982, Gerardi 2003, Latscha et al. 2003).

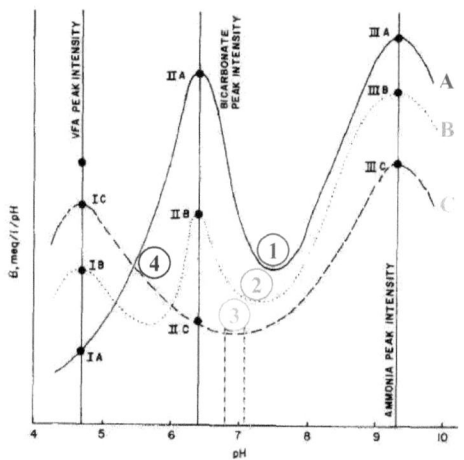

Abb. 8: Veränderung der Fermenterpufferkapazität (Kurven A-C) und pH-Stabilität (1-4) abhängig von den Kapazitäten der drei primären Puffer (VFA I, Bicarbonat II und Ammoniak III); orangerot: pH-Bereich mit geringster Stabilität, nach Georgacakis et al. (1982).

Die Stabilität des pH-Wertes hängt demnach vor allem von dem Verhältnis an gelöstem Kohlenstoff und Stickstoff (C/N) im flüssigen Fermenterinhalt ab. Für eine optimale Methanproduktion ist ein C/N-Verhältnis von 10/1 - 15/1 nötig (Siddiqui et al. 2011). Eine Erhöhung der N-Frachten resultiert in einer gesteigerten Bildung von NH_4HCO_3 (Gleichung 3), was zu einer größeren Pufferkapazität und Stabilität im Fermenter führt. Allerdings tritt bei C/N-Verhältnissen kleiner 10/1 eine Hemmung des Fermentationsprozesses durch

Ammoniakvergiftung ein (Georgacakis et al. 1982, Gruber et al. 2004), während Fermenter über 18/1 wegen zu geringer Bicarbonatpufferstärke versagen (Georgacakis et al. 1982). Bei der Vergärung von unlöslichem Pflanzenmaterial kann die Analyse des Fermenterinhaltes zu einem weiteren C/N-Verhältnis von 15-40:1 führen (Braun 1982, Effenberger et al. 2007, Gruber et al. 2004, Zubr 1986).

1.1.4 Biofilme und Syntrophie

In anaeroben Umgebungen ist die verfügbare Energie für Mikroorganismen, im Vergleich zum aeroben Abbau, nur sehr klein. Der Verlauf der Stoffwechselreaktionen im thermodynamischen Gleichgewicht hängt daher stark von der Temperatur und den Konzentrationen an Edukten und Produkten ab. Manchmal kann eine organische Verbindung nur durch eine spezielle symbiotische Kooperation unter Beteiligung zweier metabolisch verschiedener Mikroorganismenarten in einer charakteristischen syntrophen Stoffwechselreaktion abgebaut werden. Dabei muss der Pool der Stoffwechselintermediate stets gering gehalten werden, damit die energetisch marginalen Reaktionen ablaufen können (Madigan et al. 2000, McInerney et al. 1979, Schink 1997, Stams 1994). Die Effizienz des Metabolittransfers hängt neben dem Diffusionskoeffizienten und dem Konzentrationsgradienten, die bei zunehmenden Temperaturen steigen (Stams 1994), zudem in hohem Maß von der Oberfläche des produzierenden Bakteriums sowie dem Abstand zum Konsumenten ab (Diaz et al. 2006, Schink 1997). Der geringe Abstand von wenigen Mikrometern (McCarthy & Smith 1986, Schink & Thauer 1988) kann durch enge Vergesellschaftung der Mikroorganismen in oberflächenbasierten Biofilmen erreicht werden. Innerhalb dieser Aggregate, typisch für natürliche

Systeme (Madigan et al. 2000), werden die Mikroorganismen durch eine selbstproduzierte komplexe Matrix aus Exopolysacchariden (EPS) und anderen Substanzen zusammengehalten (Veiga et al. 1997) und dadurch in gewissem Maße vor dem umgebenden Milieu geschützt (Elasir & Miller 1999, Flemming 1993, Madigan et al. 2000, Ophir & Gutnick 1994, Sutherland 1985).

Mikrobielle Assoziationen auf Substraten, Sedimenten und Anlagenteilen in Biogasfermentern (Diaz et al. 2006, Frear et al. 2011, MacLeod et al. 1990, Robinson et al. 1984, Sasaki et al. 2007, Saucedo-Terán et al. 2004) weisen eine feine Schichtung bei hoher Biomassedichte auf (Abb. 9). Im Zentrum der Aggregate befindet sich ein methanogener Kern (Archaea), der von (primär und sekundär) gärenden Bakterien umgeben ist (Harmsen et al. 1996, Jackson et al. 1999, McInerney 1992, Sasaki et al. 2007, Sekiguchi et al. 1999, Stams 1994, Zhao et al. 1993).

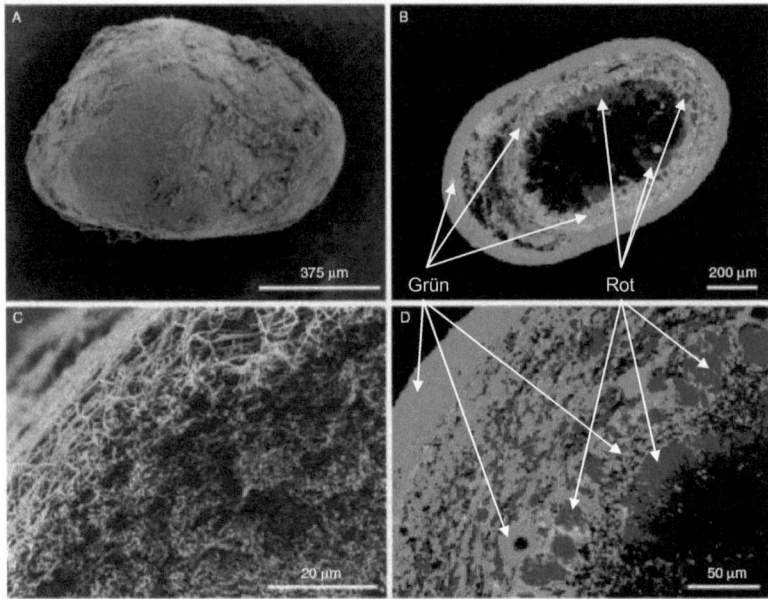

Abb. 9: Elektronenmikroskopische Aufnahmen eines anaeroben Aggregats: A) Oberfläche, C) Filamentöse Matrix mit eingebetteten Mikroorganismen, B) und D) Schnitte, die mit markierten Sonden zugleich für Bakterien in Grün (Cy-5-markierte EUB338-Sonde) und Archaeen in Rot (Rhodamin-markierte ARC915-Sonde) eingefärbt wurden (Sekiguchi et al. 1999).

Diese gärenden Mikroorganismen produzieren Wasserstoff, der in Wasser kaum löslich ist, und bei Anreicherung in unmittelbarer Umgebung weitere Oxidationsreaktionen thermodynamisch verhindern würde (siehe Abb. 10). Durch die kurzen Distanzen zwischen Produzent und Konsument kann der energiereiche Wasserstoff in syntrophen Reaktionen innerhalb der Aggregate durch hydrogenotrophe Methanogene gleich weiterverarbeitet werden (Diaz et al. 2006, Schink 1997, Stams 1994, Thiele et al. 1988).

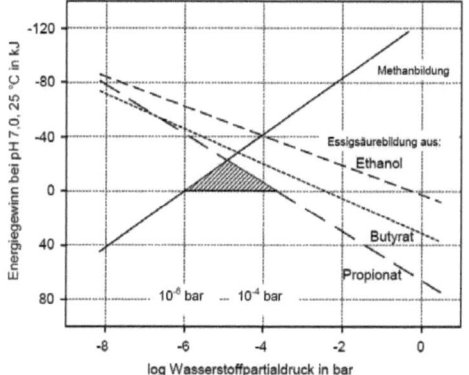

Abb. 10: Einfluss des Wasserstoffpartialdrucks auf den Energiegewinn bei der Acetogenese und Methanogenese aus CO_2 und H_2 (Harper & Pohland 1986).

Die Bildung von Biofilmen kann mit Hilfe von Besiedlungsoberflächen in Form von faserreichem Material oder unterschiedlicher Verweilzeiten von Flüssigkeit und Feststoff gefördert werden (Andersson & Bjornsson 2002, Gerardi 2003, Wangnai & Rugruam 2011). Die Ausbildung eines reifen methanogenen Biofilms dauert etwa 7-10 Tage (Saucedo-Terán et al. 2004), wobei die Acetogenen mit durchschnittlich 5-10 Tagen das langsamste Wachstum der Fermentermikroorganismen haben (Boone & Bryant 1980, McInerney et al. 1979). Störungen während der Biofilmreifung können negative Auswirkungen auf die Stoffwechselleistung haben (Hoffmann et al. 2008), ebenso wie die Zerstörung der räumlichen Assoziationen zwischen syntrophen Gemeinschaften durch auftretende Scherkräfte bei schnellen Rührgeschwindigkeiten (Hansen et al. 1999, McMahon et al. 2001, Speece et al. 2006, Stroot et al. 2001, Vavilin & Angelidaki 2005). In alternden Biofilmen ist die Stoffwechseleffizienz aufgrund der zunehmend heterogenen Verteilung von Wasserstoffproduzenten und -konsumenten vermindert (Diaz et al. 2006, Schink 1997).

1.2 Die technische Biogasproduktion

In Abbildung 11 ist der schematische Aufbau einer typischen landwirtschaftlichen Biogasanlage dargestellt. Die Biomasse wird vorbereitet und in den Fermenter eingetragen. Im Anschluss erfolgt die Vergärung im volldurchmischten Rührkesselfermenter, wobei Biogas und Gärrest produziert werden. Diese drei Abschnitte werden im Folgenden näher betrachtet.

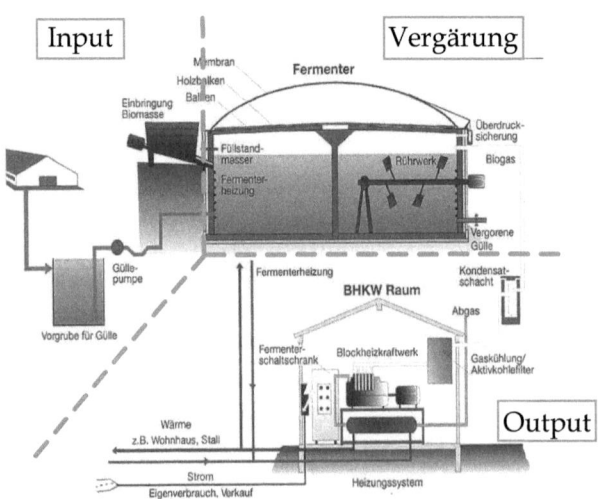

Abb. 11: Schematischer Aufbau einer landwirtschaftlichen Biogasanlage, nach Eder & Schulz (2006).

1.2.1 Input
1.2.1.1 Substrate und Trockensubstanzgehalte

Prinzipiell eignen sich fast alle Stoffe organischer Herkunft zur Vergärung in Biogasanlagen. Je weniger Wasser und anorganische Substanz und je mehr leicht abbaubare Substanzen wie Fette, Proteine und Kohlenhydrate im Substrat sind, desto mehr Methan kann potentiell daraus enstehen (Eder & Schulz 2006). Faserhaltige Substrate mit schwer abbaubaren Kohlenstoffverbindungen wie Lignocellulosen (Holz) sind ungeeignet, da sie fast ausschließlich und sehr langsam von aeroben Pilzen abgebaut werden (Abb. 12) (Kämpfer & Weißenfels 2001, Madigan et al. 2000). Um das Gasbildungspotential abzuschätzen, wird die Methanausbeute auf den organischen Anteil der getrockneten Inputmasse bezogen. Der TS-Gehalt (Trockensubstanzgehalt) wird im Trockenschrank bestimmt, während die Bestimmung des organischen TS-Gehaltes (oTS) durch Verbrennung in einem Muffelofen nach EN 14346 erfolgt. Der oTS-Gehalt berechnet sich somit aus dem TS-Gehalt abzüglich der übriggebliebenen Rohasche. Als weitere Näherung können die schwer abbaubaren faserhaltigen Verbindungen aus der organischen Trockenmasse herausgerechnet werden und man erhält mit der "fermentierbaren oTS" (FoTS) eine neue Bezugsgröße (Weißbach 2010). Fast ein Drittel aller nachwachsenden Rohstoffe in Deutschland wurden im Jahr 2010 in Biogasanlagen (Schütte 2010) bei durchschnittlichen 8,3 % TS und 77,7 % oTS im Fermenter vergoren (Hölker 2011).

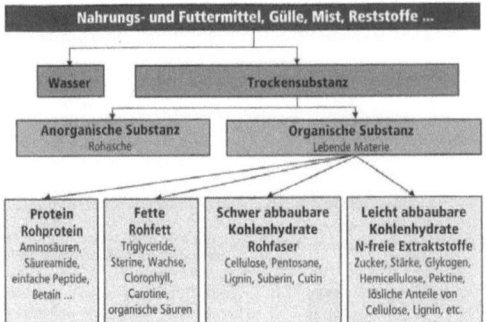

Abb. 12: Einteilung der Substrate nach Stoffgruppen (Eder & Schulz 2006).

1.2.1.2 Aufbereitung der Substrate

Alle Vorbehandlungsmethoden sollen zu einer effizienteren Vergärung des Inputmaterials führen. Durch die Vergrößerung der spezifischen Substratoberfläche kann der Abbaugrad und die Methanausbeute bei geringerer Verweilzeit erhöht werden (Angelidaki & Ahring 2000, Deublein & Steinhauser 2008, Schattauer & Weiland 2004, Sharma et al. 1988). Die physikalische (thermisch und mechanisch), chemische und biologische Vorbehandlung ist vor allem bei faser- bzw. lignocellulosereichen Substraten sinnvoll, um deren Hydrolyse zu beschleunigen (Eder & Schulz 2006, Lynd et al. 2002, Mosier et al. 2005, Weiland 2000, Weiland 2001) und wird bei bestimmten Substraten aus hygienischen Gründen sogar nach EG-VO 1774/2002 gesetzlich vorgeschrieben (Eder & Schulz 2006, Schneichel 2011). Die thermische Behandlung der Biomasse vor der Vergärung bringt vor allem in Verbindung mit mechanischer Zerkleinerung eine deutlich bessere Vergärbarkeit und einen höheren Methanertrag (Balsari et al. 2011b, Orozco et al. 2011). Eine stabile anaerobe Lagerung von Substraten in Form von

Silagen stellt auch schon eine Vorbehandlung dar. Dazu ist es nötig das zerkleinerte (0,5-3 cm) Siliergut schnell zu verdichten (mind. 220 kg TS m^{-3}) (Durst & Eberlein 2010) und mit einer Folie abzudecken, damit kein Pilzbefall, Sauerstoff- und Regenwassereintrag zu Fehlgärungen, Erwärmungen oder Energieverlust durch Sickersäfte führen kann (Richter & Rößl 2011). Durch die beginnende Hydrolyse und Acidogenese unter anaeroben Bedingungen (v.a. Milchsäuregärung) wird der pH-Wert im Substrat gesenkt, wodurch das Siliergut konserviert und zudem effizienter im Fermenter vergoren wird (Deublein & Steinhauser 2008). Besonders bei faserreichen Substraten (Grassilage, Pferdemist u.a.) kann eine dem Vergärungsprozess vorgeschaltete Hydrolysestufe sowohl im Batch als auch im kontinuierlichen Betrieb unter mesophilen und thermophilen Bedingungen die Methanbildung im Anschluss verbessern (Danner 2011, Loewe 2009). Der Batch-Betrieb hat den Vorteil, dass bei sehr hohen Raumbelastungen (> 60 kg oTS m^{-3} d^{-1}) (Danner 2011) sehr schnelle Absenkungen der pH-Werte auf 5,2-6,3 (Schattner & Gronauer 2000, Weiland 2001) zu erreichen sind, was zu einer optimalen Versauerung mit hohen Essigsäure-, geringen Propion- (Inanc et al. 1999) und Buttersäurekonzentrationen (Liu et al. 2009, Mata-Alvarez et al. 2000) unter nahezu vollständiger Hemmung der Methanbildung führt (Loewe 2009). Der bei der Hydrolyse entstehende Wasserstoff sollte dem Methanbildungsprozess zugeführt werden, da sonst der Gesamtmethanertrag um etwa 30 % geringer ausfallen kann (Buschmann & Busch 2011). Bei bereits sehr sauren Substraten kann die Anhebung des Substrat-pH-Wertes zu einer Erhöhung der Methanausbeute führen (Li et al. 2009). Zur Verbesserung der Hydrolyse können hydrolytische Enzyme in hohen Konzentrationen direkt (Gerhardt et al. 2007) oder in Form von anaeroben Pilzen (Olcay & Kocasoy 2004,

Procházka et al. 2011) bzw. Bakterien (Schmack & Reuter 2011) dem Fermentationsprozess zugeführt werden.

1.2.2 Vergärung

1.2.2.1 Verfahren zur Biogasproduktion

Es gibt verschiedene Merkmale anhand derer Biogasanlagen beschrieben werden können (Abb. 13). Im EEG von 2004 wurde ein Technologie-Bonus für den Einsatz von besonders trockenmassereichen Substraten festgelegt und seitdem werden Anlagen vorranging nach der Substratkonsistenz in Nass- und Feststofffermentation eingeteilt.

Bei der Nassvergärung werden die Fermenter im Durchflussverfahren kontinuierlich mit Substrat (TS-Gehalte von < 15 %) befüllt, wobei mit der Beschickung gleichzeitg dasselbe Volumen an Fermenterinhalt ausgetragen wird. Es findet eine permanente Faulung unter konstanter Gasproduktion statt (Eder & Schulz 2006).

Eine Feststofffermentation findet in 12 % der bundesweit untersuchten Anlagen statt (FNR 2009), die fälschlicherweise aufgrund der hohen Trockenmassegehalte ab 25 % auch als Trockenfermentation bezeichnet wird. Am häufigsten wird dabei stapelbares Substrat diskontinuierlich im Batch-Betrieb in Boxen- oder Garagenfermenter eingebracht und fault nach Einsetzen der Gasproduktion unter gleichmäßiger Berieselung mit Perkolat aus. Nach Überschreiten der höchsten Gasbildungsrate wird nach einer Verweilzeit von etwa 25-30 Tagen das vergorene Material durch frisches ersetzt (Eder & Schulz 2006). Eine gleichmäßige Gasproduktion wird beim zeitversetzten Betrieb von mehreren Behältern gewährleistet (Eder & Schulz 2006).

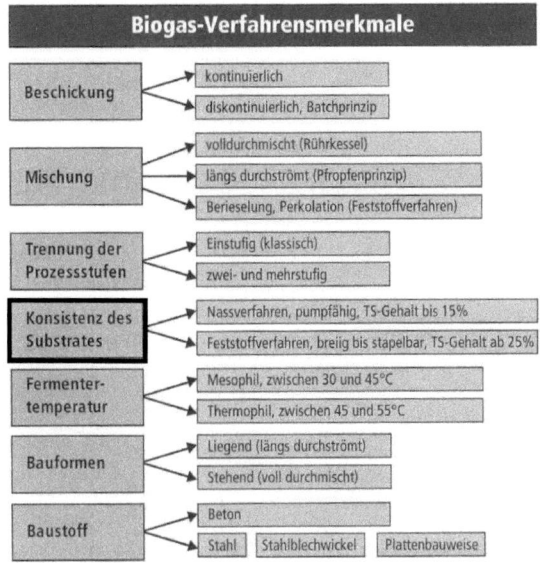

Abb. 13: Verfahrensmerkmale der Biogasproduktion (Eder & Schulz 2006).

Die Vergärung von besonders trockenmassereichen Substraten im kontinuierlichen Betrieb kann in liegenden Fermentern nach dem Pfropfenstrom-Prinzip erfolgen. Diese können mit wesentlich höheren TS-Gehalten als die konventionelle Nassfermentation beschickt werden und erreichen oft das 2-3 fache an Raumbelastung. Das Gärsubstrat durchwandert den Gärbehälter langsam wie ein „Pfropfen" und so können Kurzschlussströme zwischen vergorenem und frischem Substrat ausgeschlossen werden (Eder & Schulz 2006). Etwa 4 % der Anlagen arbeiten nach diesem System und haben im Anschluss oft einen großen Nachgärbehälter, der eine lange Verweilzeit des Inputmaterials ermöglicht. Insgesamt werden 62 % aller bundesweit untersuchten Biogasanlagen zweistufig mit einem Fermenter und Nachgärer betrieben (FNR 2009).

1.2.2.2 Physikalische und technische Prozessparameter

1.2.2.2.1 Temperatur

Die Temperatur spielt bei der Geschwindigkeit des anaeroben Abbaus und somit der Methanbildungsrate eine entscheidende Rolle. Biologische Stoffwechselvorgänge sind enzymkatalysiert und dadurch nimmt deren Kinetik mit steigender Temperatur bis zu einem gewissen Punkt zu. Nach der van-'t-Hoff'schen Regel (Reaktionsgeschwindigkeit-Temperatur-Regel) laufen Reaktionen bei einer Temperaturerhöhung von 10 °C zwei bis viermal so schnell ab (Holleman & Wiberg 1995). Jeder Mikroorganismus hat einen definierten Temperaturbereich, der sich mit Minimum, Optimum und Maximum über etwa 30 °C erstreckt, in dem er lebensfähig ist (Abb. 14). Diese Kardinaltemperaturen sind charakteristisch für jede Art. Es gibt zwischen -5 °C bis +115 °C verschiedene Temperaturbereiche, von psychrophil bis hyperthermophil, in denen Mikroorganismen leben können (Madigan et al. 2000).

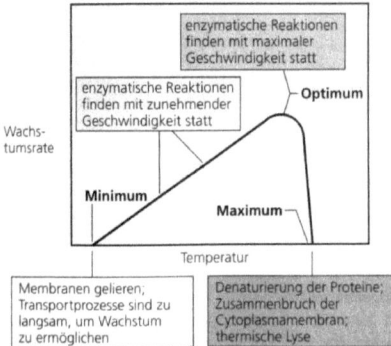

Abb. 14: Auswirkungen der Temperatur auf die Wachstums-geschwindigkeit sowie die molekularen Folgen in der Zelle (Madigan et al. 2000).

Der Temperaturbereich < 25 °C, im Biogasjargon als psychrophil bezeichnet, spielt für die technische Biogasproduktion keine Rolle, da gegenüber dem mesophilen Betrieb (25-45 °C) nur etwa 75 % des Methanertrags bei einer fünfmal so langen Verweildauer erreicht werden können (Cysneiros et al. 2011). Das Optimum des mesophilen Bereichs liegt bei 38 °C und das bei termophiler Betriebsweise (45-60 °C) bei 52 °C (Abb. 15). Im Allgemeinen ist zwischen den beiden Optima die methanogene Aktivität geringer (Madigan et al. 2000), wobei sich die Fermenterbiologie auch an diese Temperaturen unter Entwicklung eines stabilen Prozesses bei ähnlichen Methanausbeuten (Lindorfer et al. 2008) akklimatisieren kann (Hölker 2011, Lindorfer et al. 2008).

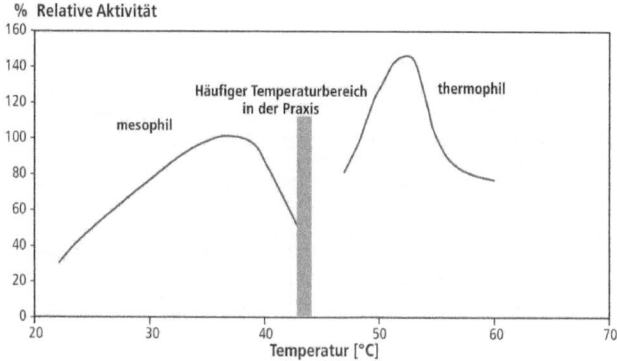

Abb. 15: Einfluss der Temperatur auf die Aktivität der Mikroorganismen; der dargestellte Temperaturbereich in der Praxis bezieht sich auf den süddeutschen Raum, aus Eder & Schulz (2006), nach Böhnke (1993).

Der thermophile Betrieb sorgt für eine höhere Stoffwechselaktivität, wodurch neben der Geschwindigkeit des Substratabbaus (Deublein & Steinhauser 2008, Eder & Schulz 2006, Gerardi 2003, Liebeneiner et al. 2008, Scherer et al.

2000) auch die Störungsanfälligkeit des Fermentationsprozesses steigt. Die Toleranz gegenüber Temperaturschwankungen ist im Vergleich zum mesophilen Prozess ebenso herabgesetzt wie die Pufferkapazität aufgrund verminderter Löslichkeit von puffernd wirkenden Gasen (Ammoniak und Kohlenstoffdioxid) (Eder & Schulz 2006, Kaltschmitt & Hartmann 2001). Die verminderte Löslichkeit von Ammoniak kann bei hohem Gülleeinsatz bzw. hohen N-Frachten zu einer Ammoniakvergiftung führen (Deublein & Steinhauser 2008, Scherer 1995). Im Vergleich zu mesophil betriebenen Anlagen ist außerdem die mikrobiologische Diversität geringer (Bauer et al. 2008, Karakashev et al. 2005, Lebuhn et al. 2008a).

Psychrophile und thermophile Mikroorganismen findet man in ungewöhnlich kalten bzw. heißen Lebensräumen, während Mesophile in gemäßigten und tropischen Breiten ubiquitär vorkommen. Viele mesophile Mikroorganismen sind jedoch psychrotolerant, wodurch sie kalte Perioden bis zum wiederkehrenden Temperaturanstieg überdauern können (Madigan et al. 2000). Das erklärt, warum Mikroorganismen im Biogasfermenter nach mehreren Monaten ohne Nahrung und bei Temperaturen zwischen 2 und 20 °C innerhalb von 5 Tagen bei 30 °C wieder aktiv wurden (Speetzen et al. 2011). Somit stellt ein unbeheiztes Gärrestlager ein geignetes Backup für die Fermenterbiologie dar.

Die Biogasfermentation hat selbst bei mesophilen Temperaturbedingungen ≥ 38°C eine hygienisierende Wirkung, vor allem im Bezug auf phytopathogene Erreger (Seigner et al. 2010). Bei thermophiler Betriebsweise erfolgt die Hygienisierung etwa dreimal so schnell, wobei alle relevanten gesundheitsschädlichen Viren und Bakterien bei einer Verweildauer von über 24 h abgetötet werden (Böhm 1998, Eder & Schulz 2006). Somit könnte entsprechendes Material (nach EG-VO 1774/2002) ausschließlich im hygienisierenden thermophilen Betrieb vergoren werden. Da aber Beschickungsintervalle von mehr als 24 h keinen wirtschaftlichen Biogasprozess erlauben und Kurzschlussströme somit nicht auszuschließen sind (mit Ausnahme des Pfropfenstromfermenters, siehe 1.2.2.1), muss entsprechendes Inputmaterial vorher hygienisiert werden (Eder & Schulz 2006, Schneichel 2011).

In Deutschland werden von 413 untersuchten Biogasanlagen nur 6 % thermophil betrieben und bei etwa einem Viertel liegt die Fermentertemperatur zwischen 38 °C und 40 °C (FNR 2009). Eine Datenbasis von 1400 Nawaro-Biogasanlagen zeigt, dass die durchschnittliche Temperatur im Süden (43,4 °C) (siehe auch Abb. 15) höher liegt als im Norden (39,8 °C) (Hölker 2011). In Süddeutschland kommen aufgrund der geringeren Viehdichte mehr nachwachsende Rohstoffe zum Einsatz (Nentwig 2005) die sich durch Oxidationsprozesse selbst erwärmen und somit zu höheren Temperaturen im Fermenter führen können (Eder & Schulz 2006).

1.2.2.2.2 Raumbelastung, Verweilzeit und Abbaugrad

Anhand der Raumbelastung wird die Leistungsfähigkeit einer Biogasanlage beurteilt. Mit der Einheit [kg oTS m^{-3} d^{-1}] gibt sie den täglichen Substratinput als Gewicht organischer Trockensubstanz auf ein definiertes Fermentervolumen an. Dieses Fermentervolumen wird jedoch in unterschiedlichem Umfang von der zugeführten ungetrockneten Frischmasse belegt (Abb. 16). Die maximale Raumbelastung wird daher auf der einen Seite vom Trockensubstanzgehalt (TS) der Inputstoffe begrenzt, da ab 10 % TS die Viskosität stark zunimmt, was die Pump- und Rührfähigkeit des Fermenterinhaltes beeinträchtigt (FNR 2009, Köttner 2000). Auf der anderen Seite hängt die maximale Raumbelastung, vor allem beim Einsatz von sehr energiereichen, schnellabbaubaren Substraten mit großem Säurebildungspotential, von der Pufferkapazität im Fermenter ab (siehe Kapitel 1.1.3).

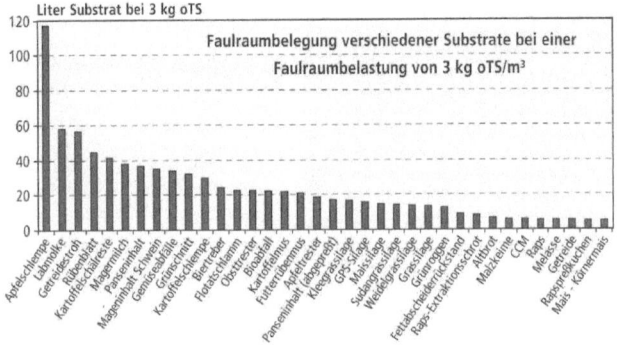

Abb. 16: Volumen verschiedener Substrate im Fermenter bei einer Faulraumbelastung von 3 kg oTS m^{-3} d^{-1} (Eder & Schulz 2006).

Eine Erhöhung der Raumbelastung von 2 auf 3 kg oTS m^{-3} d^{-1}, dem Bereich in dem die meisten Praxisanlagen betrieben werden (Eder & Schulz 2006, FNR 2009), kann im Fermenter zu einem drastischen Anstieg der durchschnittlichen H$_2$-Konzentration führen, was den Abbau der organischen Säuren sowie die Methanbildung beeinträchtigt (Bischofsberger et al. 2005, Franke et al. 2008, Schink 1997). Tendenziell nimmt aber schon ab Raumbelastungen von 1,0-1,5 kg oTS m^{-3} d^{-1} die spezifische Methanausbeute (Nm^3 CH$_4$ kg^{-1} oTS) ab (Keymer 2005) (siehe Kapitel 1.2.3.1). Die theoretische hydraulische Verweilzeit (HRT - hydraulic retention time), als Verhältnis von Fermentervolumen [m^3] zu Inputvolumenstrom [m^3 d^{-1}], gibt die Dauer in Tagen an, die das Substrat durchschnittlich im Fermenter verbleibt. Für Energiepflanzen sollten mindestens 42 Tage und für Substrate aus agroindustrieller Verarbeitung 20-35 Tage vorgesehen werden (Eder & Schulz 2006). Bei 33 % der 400 untersuchten Anlagen in Deutschland war das Substrat 40-80 Tage lang im Fermenter (FNR 2009). Bei Unterschreiten der minimalen Verweilzeit von 10-15 Tagen werden die langsam wachsenden syntrophen Gemeinschaften aus dem Prozess ausgewaschen, wodurch der Methanertrag sinken kann (Gerardi 2003, Kämpfer & Weißenfels 2001). Wird das feste Substrat (Biofilmträger) von der flüssigen Phase getrennt (wie z.b. in Festbettsystemen), kann die Verweilzeit der Flüssigkeit aber problemlos auf mehrere Stunden verringert werden (Najafpour et al. 2010).

Biogasanlagen mit höheren Raumbelastungen/Volumenströmen haben auch kürzere Verweilzeiten und in der Regel auch geringere Abbaugrade der organischen Substanz (Eder & Schulz 2006, FNR 2009). Die Abbaugrade hängen stark von der Stoffgruppenzusammensetzung der Inputmaterialien ab. Substrate mit viel Kohlenhydraten, Fetten und Proteinen werden sehr schnell bei kurzen Verweilzeiten im Fermenter abgebaut (Abb. 17) (siehe auch Kapitel 1.2.1.1).

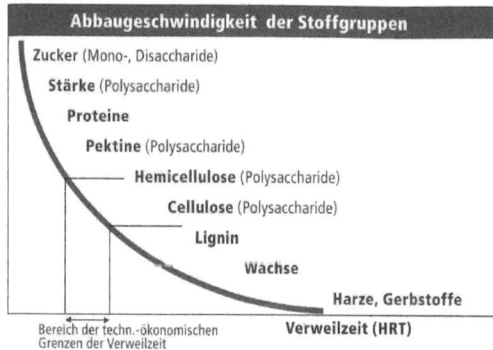

Abb. 17: Die Abbaugeschwindigkeit von Einsatzstoffen beinflusst die Verweilzeit im Fermenter (Eder & Schulz 2006).

Bei üblicher Verweilzeit kann ein durchschnittlicher Abbau der organischen Substanz von 60 % (Eder & Schulz 2006) bis 76 % (FNR 2009) erzielt werden, wobei Rindergülle einen positiven Einfluss darauf hat (Hölker 2009). Die Angaben über Raumbelastungen, Verweilzeiten und Abbaugrade müssen jedoch mit Vorsicht betrachtet werden, da ein Vergleich aufgrund unterschiedlicher Verfahren, Prozessführungen und Bezugsgrößen oder sogar fehlender Angaben schwierig sein kann (Anzer et al. 2003, Eder & Schulz 2006, Fischer & Krieg 2005, Oechsner & Lemmer 2003). Für manche Anlagen werden sehr hohe Raumbelastungen angegeben, in welche unter Umständen nicht das gesamte Faulraumvolumen der Anlage oder die Güllezufuhr eingerechnet wurde (Eder & Schulz 2006). Zudem werden oft die Mischungsverhältnisse der Inputmaterialien nicht berücksichtigt oder die Substratmengen unzureichend erfasst (Schattner & Gronauer 2000).

1.2.2.3 Chemische Prozessparameter
1.2.2.3.1 Organische Säuren, pH-Wert und Pufferkapazität

Die organischen Säuren, der pH-Wert und die Pufferkapazität im Biogasfermenter sind sich gegenseitig beeinflussende, voneinander abhängige Größen und müssen zusammen betrachtet werden. Leicht flüchtige organische Säuren (C_1-C_6) (VFA – volatile fatty acids) entstehen beim anaeroben Abbau von organischen Substraten und werden zusätzlich bei versauerten Inputmaterialien (Silagen, Gülle, Abfallstoffe…) in unterschiedlichen Konzentrationen in den Fermenter eingebracht (Deublein & Steinhauser 2008, Eder & Schulz 2006, Hölker 2009, Li et al. 2009). In sauren Speiseresten können, bei pH-Werten zwischen 3,5 und 4,7, die Konzentrationen von organischen Säuren zwischen 1.000 und 15.000 mg L^{-1} stark schwanken (Görisch & Helm 2007).

Während ein stabiler Biogasprozess eine Gesamtsäurebelastung von unter 2000 mg L^{-1} (Eder & Schulz 2006, Hölker 2011, Kämpfer & Weißenfels 2001) aufweist, können Stoßbelastungen (Abb. 18) und steigende Raumbelastungen zur Anreicherung von organischen Säuren (mit bis zu 85 % Essigsäure (Gerardi 2003)) im Fermenter führen (Bischofsberger et al. 2005, Eder & Schulz 2006, Schink 1997).

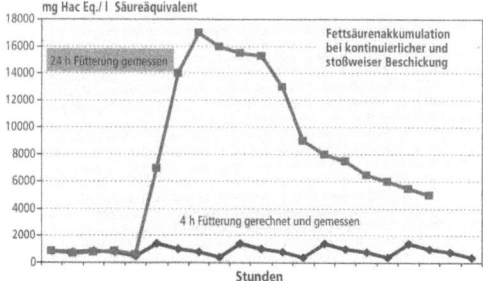

Abb. 18: Fettsäureakkumulation bei kontinuierlicher und stoßweiser Beschickung (Eder & Schulz 2006).

Ein mangelnder Abbau von organischen Säuren deutet auf einen Engpass im syntrophen Abbau hin (Dröge et al. 2008, Gerardi 2003, Linke & Mähnert 2005, Schink 1997) und führt unter Belastung des Puffersystems zur Absenkung des pH-Wertes (siehe Kapitel 1.1.3). Die organischen Säuren liegen im flüssigen Fermenterinhalt somit zunehmend protoniert bzw. ungeladen vor (Abb. 19 a) und können bei bestimmten pH-Werten zur Hemmung der Methanbildung führen (Abb. 19 b). Dabei diffundieren die protonierten Säuren durch die Zellmembran der Mikroorganismen und zerstören dort, weil sie wieder dissoziieren, den H$^+$-Gradient an der Zellmembran, über den fast alle Mikroorganismen ihre Energie beziehen

(Madigan et al. 2000, Märkl & Friedmann 2006, Weiland 2003). Davon sind vor allem die acetogenen und methanogenen Mikroorganismen betroffen, die im Gegensatz zu den Säurebildnern pH-Werte über 6,8 benötigen und dabei nur leichte Schwankungen tolerieren (Gerardi 2003, Hecht 2008, Weiland 2001).

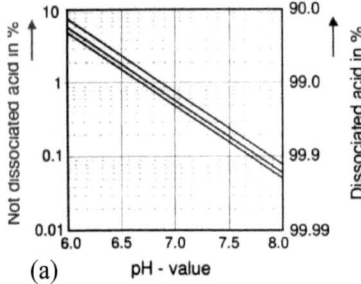
(a)
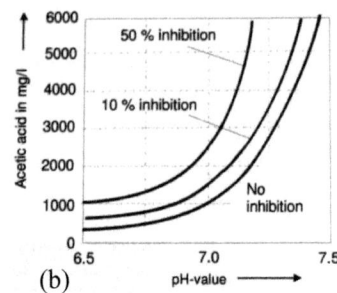
(b)

Abb. 19: (a) Anteil protonierter Säuren und (b) Hemmwirkungen verschiedener Essigsäurekonzentrationen abhängig vom pH-Wert im Fermenter (Deublein & Steinhauser 2008).

Ab einer Gesamtsäurekonzentration von 10.000 mg L^{-1} kann es zum Absinken des pH-Wertes auf unter 7,0 kommen (Linke et al. 2003, Voß et al. 2009), was bei guter Pufferkapazität im Fermenter verhindert werden kann (Georgacakis et al. 1982, Scherer 2006, Weiland 2003). Im Gegensatz dazu kann eine Hemmung bei sinkendem pH-Wert schon bei geringeren Säurekonzentrationen auftreten (Abb. 19 b) (Deublein & Steinhauser 2008, Kaltschmitt & Hartmann 2001, Wellinger et al. 1991). Während der pH-Wert für eine optimale Prozesskontrolle oft zu träge reagiert (Angelidaki & Ahring 1994), ist die Säurekonzentration ein besserer Stabilitätsindikator (Ahring et al. 1995, Kaspar & Wuhrmann 1987) aber aufgrund anlagenspezifischer

Pufferkapazitäten als Vergleichsparameter kaum geeignet (Ahring et al. 1995, Angelidaki & Ahring 1994, Bjornsson et al. 2000, Gruber et al. 2004). Der titrimetrisch bestimmte FOS/TAC-Wert berücksichtigt die flüchtigen organischen Säuren im Verhältnis zum Fermenterpuffersystem und stellt so die beste Methode für eine schnelle und allgemeingültige Prozesskontrolle dar (Eder & Schulz 2006, Rieger & Weiland 2006).

Zuerst wird der TAC-Wert (TAC: Total Alcalinity of Carbonates) bestimmt, indem man, ausgehend vom aktuellen pH-Wert im Fermenter, mit einer starken Säure (z.B. 1M HCl: pK_s -6) bis zu einem pH-Wert von 5,0 titriert (Abb. 20). Der pK_s des Bicarbonatpuffers liegt mit 6,52 etwa in der Mitte und so werden nahezu alle puffernd wirkenden HCO_3^--Ionen im System über das benötigte Säurevolumen (siehe Kapitel 1.1.3) erfasst. Im Anschluss titriert man weiter von pH 5,0 bis 4,3, in dem Bereich, in dem die meisten organischen Säuren ihre Säurekonstante haben (pK_s-Essigsäure: 4,75) und somit jeweils etwa zur Hälfte als puffernde Anionen bzw. Salze und Säuren vorliegen (Zeeck et al. 2000). Die Kationen der Salze werden durch starke Säuren (z.B. 1M HCl: pK_s -6) verdrängt und so kann über den Verbrauch an starker Säure auf die Menge an organischen Säuren geschlossen werden (FOS-Wert). Das Verhältnis der beiden ermittelten Säure-Volumina gibt mit dem FOS/TAC-Wert die Fermenterpufferbelastung wieder (Voß et al. 2009). Wird die Säurebelastung des Fermentationsprozesses größer, so nimmt die Anzahl der puffernden Hydrogencarbonat-Ionen ab, wodurch der TAC-Wert sinkt und zugleich der FOS-Wert steigt (Abb. 20). Bei einem FOS/TAC Verhältnis < 0,45 (Callaghan et al. 2002, Voß et al. 2009) gilt der Fermentationsprozess als stabil. Werte zwischen 0,4 und 0,8 zeigen einen belasteten Prozess mit beginnender Hemmung an, wobei ab 0,8 Prozessversagen eintritt (Callaghan et al. 2002, Rieger & Weiland 2006). Ist die

Pufferkapazität erschöpft, muss der pH extern kontrolliert werden, was durch Verdünnung, Verringerung der Raumbelastung oder Zugabe von pH- und pufferstabilisierenden Salzen erfolgen kann (Deublein & Steinhauser 2008, Effenberger et al. 2007, Gerardi 2003). Diese preisgünstige und schnelle Methode setzt für verlässliche Werte konstante Probenvorbereitung, Probenahmezeitpunkte und möglichst personengebundene Analysen voraus (Voß et al. 2009).

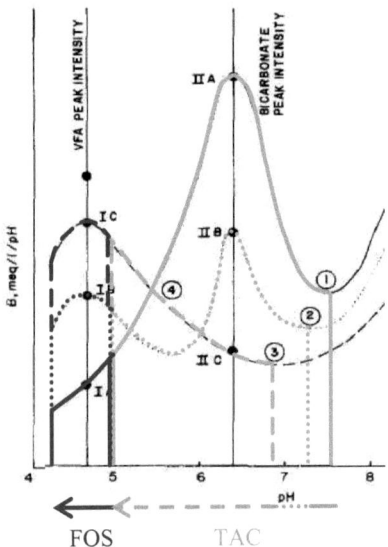

Abb. 20: TAC- und FOS-Bestimmung im Bereich des Bicarbonat- und VFA-Puffers abhängig von den Einzelpufferstärken; verändert nach Georgacakis et al. (1982).

Die Biogasanlagen in Deutschland werden bei durschnittlichem pH von 7,72 und FOS/TAC von 0,36 betrieben (Hölker 2011), wobei Anlagen ohne Zufuhr von Rindergülle durchschnittlich erhöhte FOS/TAC- und Säurewerte aufweisen (Hölker 2009).

1.2.2.3.2 CO_2-Partialdruck (pCO_2)

Der Partialdruck ist der Druck, der durch eine Teilkomponente einer Gasmischung ausgeübt wird. Demnach ist der Gesamtdruck einer Gasmischung gleich der Summe der Partialdrücke jedes beteiligten Gases. Gase sind in Flüssigkeiten nur begrenzt löslich, was neben dem Druck und der Temperatur, auch von einer möglichen chemischen Interaktion mit der Flüssigkeit abhängig ist. Während bei höherer Temperatur die Löslichkeit abnimmt, steigt sie bei zunehmendem Druck an. Kohlenstoffdioxid ist als Endprodukt der Oxidation organischer Verbindungen Bestandteil eines Puffersystems (Abb. 21). Dadurch ist, wie auch bei Ammoniak, die Löslichkeit im Vergleich zu anderen Gasen wie Sauerstoff und Wasserstoff stark erhöht (Henning et al. 1991).

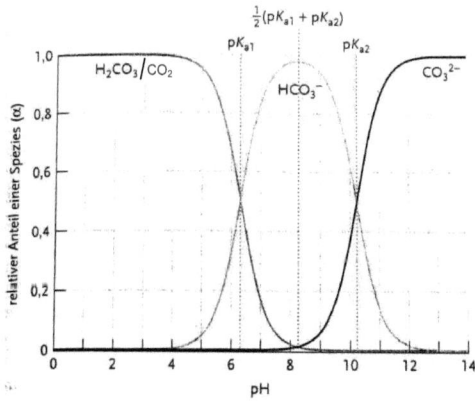

Abb. 21: Relativer Anteil der Spezies im Bicarbonatpuffer abhängig vom pH-Wert (Atkins & Jones 2006).

Mithilfe des Dissoziationsgleichgewichts von Kohlensäure kann der Kohlenstoffdioxidpartialdruck (pCO$_2$) indirekt, nach der Henderson-Hasselbalch-Gleichung (siehe Gleichung 1), berechnet und abhängig vom pH-Wert dargestellt werden (Abb. 22):

$$pCO_2 = 10^{pKs-pH} \times p_{Luft} \qquad (6)$$

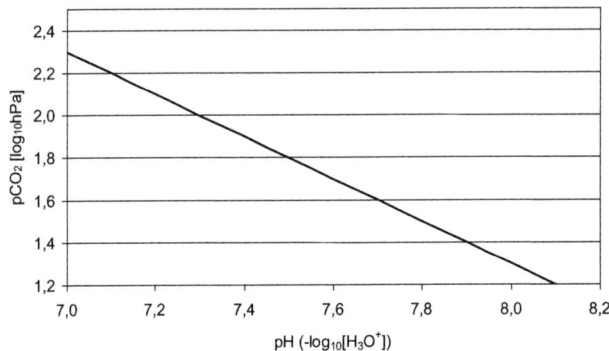

Abb. 22: Abhängigkeit des pCO$_2$ vom pH-Wert in wässriger Lösung bei einer Temperatur von 38 °C und einem Umgebungsdruck von 950 hPa.

1.2.2.3.3 Schwefelwasserstoff

Der gasförmige Schwefelwasserstoff (H$_2$S) ist giftig für den Menschen, kann die Fermenterbiologie beeinträchtigen und führt aufgrund seiner sauren Eigenschaften zu Korrosionen an Leitungen und im Verbrennungsmotor. Bereits Konzentrationen von 0,03-0,15 ppm H$_2$S in der Umgebungsluft riechen nach faulen Eiern. Durch Lähmung der Geruchsnerven sind höhere Konzentrationen, die sich durch Kopfschmerzen und Übelkeit bemerkbar machen, nicht mehr wahrzunehmen. Oberhalb von 375 ppm bzw. 0,038% in der Luft kann es innerhalb kurzer Zeit zum Tod durch Atemlähmung kommen (Eder & Schulz 2006). Die Fermenterbiologie wird erst ab 50 mg L^{-1} im Fermenter oder 0,2 % (2000 ppm) im Biogas gehemmt (Eder & Schulz 2006, Kroiss 1986, Weiland 2003). Durch die Fällung essentieller Spurenelemente als Metallsulfide kann die Fermenterbiologie zusätzlich noch beeinträchtigt werden (Gerardi 2003, Weiland 2001). Schwefelwasserstoff befindet sich im Gleichgewicht mit dem gelösten ungiftigen Hydrogensulfid (HS$^-$), das beim anaeroben Abbau von proteinreichen Substraten durch sulfatreduzierende Bakterien gebildet wird (Gerardi 2003, Köttner 2000, Schattauer & Weiland 2004). Sie benötigen ebenso wie die Methanogenen den Wasserstoff für ihren Stoffwechsel, sind mit diesen in anaeroben Fermentern aber nicht konkurrenzfähig (Bryant et al. 1977, Madigan et al. 2000, Raskin et al. 1996). Bei sinkenden pH-Werten sowie höheren Temperaturen steigt die Konzentration von H$_2$S im Biogas drastisch an (Abb. 23) (Angelidaki & Ahring 1994, Deublein & Steinhauser 2008) und kann im Tagesverlauf sehr stark schwanken (Deublein & Steinhauser 2008).

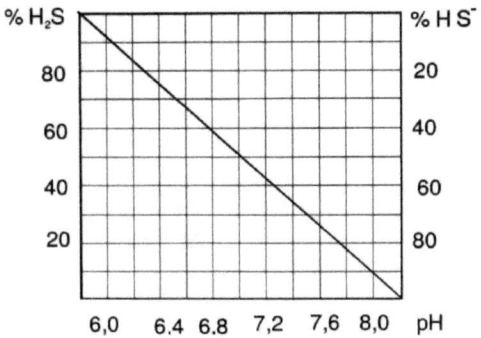

Abb. 23: Konzentrationen von Schwefelwasserstoff und Hydrogensulfid in Abhängigkeit vom pH-Wert im Fermenter (Deublein & Steinhauser 2008).

Bei einer akuten H_2S-Vergiftung der Fermenterbiozönose hilft es zunächst die Raumbelastung zu verringern und den Anteil der Kohlenstoffverbindungen zu erhöhen (Verdünnungseffekt). In der Praxis wird der Schwefelwasserstoff hauptsächlich durch Aktivkohlefilter (< 1 ppm) aus dem Biogas und durch Fällung mit von $FeCl_3$ (< 50 ppm) aus der flüssigen Phase entfernt. Durch das Einblasen von geringen Mengen Luftsauerstoff (ca. 3-5 % v/v) der anfallenden Biogasmenge in den Gasraum des Fermenters können aufgrund mikrobieller Stoffwechselprozesse Entschwefelungsraten bis zu 95% (auf ca. 100 ppm) erreicht werden, ohne dass ein explosives oder brennbares Gasgemisch entsteht (Deublein & Steinhauser 2008, Eder & Schulz 2006, FNR 2009). Im deutschen Durchschnitt werden 143 ppm (Maximum: 653 ppm) H_2S im Roh-Biogas gemessen (FNR 2009).

1.2.2.3.4 Ammoniak/Ammonium

Das gasförmige Zellgift Ammoniak (NH_3) schädigt ebenfalls die mikrobielle Lebensgemeinschaft und hemmt somit die Methanbildung im Fermenter (Schnürer et al. 1994, Schnürer & Nordberg 2008, Strik et al. 2006). Außerdem kann es zu unsauberen Verbrennungen des Biogases im Motor führen (Deublein & Steinhauser 2008, Eder & Schulz 2006). Eine erhöhte Stickstoffzufuhr in Form von eiweißreichen Substraten führt zunächst durch den Abbau von Aminosäuren zu einer Erhöhung an gelöstem Ammonium (NH_4^+), welches die Pufferkapazität und somit die Stabilität im System erhöht (siehe Kapitel 1.1.3) (Georgacakis et al. 1982, Gerardi 2003, Schattauer & Weiland 2004). Gerade bei Monovergärungen eignet sich die Rezyklierung von separiertem flüssigem Gärrest um wichtige Nährstoffe im System zu behalten, wodurch es aber zur Anreicherung von Ammonium/Ammoniak kommen kann (Bauermeister & Paul 2010). Erst bei höheren pH-Werten

(>8,0) und steigenden Temperaturen wird Ammonium zum schädlichen Ammoniak deprotoniert (7) (siehe Abb. 24) (Deublein & Steinhauser 2008).

$$NH_4^+ \Leftrightarrow NH_3 + H^+ \qquad (7)$$

Allerdings können sich die Mikroorganismen in gewissem Unfang an erhöhte NH_4^+/NH_3-Gehalte im Fermenter anpassen (Calli et al. 2005).

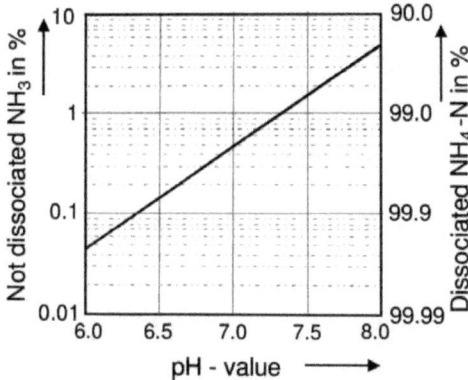

Abb. 24: Ammonium- und Ammoniak-konzentrationen in Abhängigkeit vom pH-Wert im Fermenter (Deublein & Steinhauser 2008).

Die Verringerung der N-Frachten, konstante Temperaturen im mesophilen Bereich (<40 °C) und pH-Werte unter 8,0 verhindern eine Ammoniak-Vergiftung der Fermentermikrobiologie. Durch Abkühlung des Biogases kann Ammoniak an das Kondenswasser gebunden oder durch Gaswäsche sowie Aktivkohlefilter aus dem Biogas entfernt werden (Deublein & Steinhauser 2008, Eder & Schulz 2006).

1.2.2.3.5 Nährstoffe

Nährstoffe lassen sich in Makronährstoffe und Mikronährstoffe (Spurenelemente) einteilen. Die wichtigsten Makronährstoffe (C/N/P), die für den Bau- und Energiestoffwechsel der Mikroorganismen benötigt werden, sollten für eine optimale Biogasproduktion in einem bestimmten Verhältnis zueinander vorhanden sein (zwischen 100-200:5:1) (Effenberger et al. 2007). Während die Makronährstoffe in großen Mengen zugeführt werden müssen, sind die meisten Spurenelemente in höheren Konzentrationen toxisch (Deublein & Steinhauser 2008, Eder & Schulz 2006). Die Mikronährstoffe gelangen mit dem Substrat oder über Geräteabrieb in den Biogasfermenter (Lebuhn et al. 2008b). In anaeroben Prozessen sind Spurenelemente wie Nickel, Kobalt, Molybdän (Dubourguier et al. 1986, Dubourguier et al. 1988, Scherer & Sahm 1981, Schönheit et al. 1979), Selen (Andreesen 1980, Jones & Stadtman 1981), Wolfram (Zellner & Winter 1987), Vanadium (Scherer 1989), Eisen (Madigan et al. 2000) und Zink (Scherer et al. 1983) hauptsächlich zentraler Bestandteil von Enzymen und wirken schon in geringen Konzentrationen (mg L^{-1}). Bei der alleinigen Vergärung von nachwachsenden Rohstoffen ohne Zufuhr von spurenelementreicher Gülle, können Mangelsituationen unter Hemmung der Methanproduktion auftreten (Bauermeister & Paul 2010, Hölker 2009). Ebenso kann die Verfügbarkeit der Spurenelemente trotz ausreichender Menge eingeschränkt sein, da sie oft in Komplexen (mit z.B. Phosphat, Sulfid, Sulfat und Carbonat) bei höheren pH-Werten gebunden sind und in ungelöster Form von vielen Mikroorganismen nicht mehr aufgenommen werden können (Lebuhn et al. 2008b). Die Spurenelemente werden zusammen mit dem Gärrest aus dem Fermenter ausgetragen und stehen nur bei einer Rezirkulation des Gärrests oder der Prozessflüssigkeit erneut im Fermenter zur Verfügung (Bauermeister & Paul

2010). Bei Mangelsituationen können Spurenelementmischungen zugeführt oder Hefeextrakt eingesetzt werden, der mit 1,5 kg m^{-3} (Gerardi 2003) die Fermentermikrobiologie mit allen nötigen Mikronährstoffen versorgen kann.

1.2.2.3.6 Schaum

Wenn die Oberflächenspannung der Fermenterflüssigkeit herabgesetzt wird, kann entstehendes Gas in Bläschen eingeschlossen werden. Dieses Phänomen zeigt sich häufig bei Prozessüberlastung und -störungen (Gerardi 2003). Zusammen mit einer Schwimmschicht, die den Gasdurchtritt aufgrund einer geschlossenen Substratdecke behindert, z.B. bei Rührwerksausfall oder zu hohem TS-Eintrag, können erhebliche Schäden an der Anlage enstehen (Eder & Schulz 2006). Die Oberflächenspannung verringert sich zum Einen durch die Erhöhung der Alkalinität während des Abbaus proteinreicher Substrate zu Aminosäuren und Ammoniumionen und zum Anderen durch oberflächenaktive Tenside, die bei der Hydrolyse von Fetten durch Esterasen (Gerardi 2003, Zeeck et al. 2000) und während der Acidogenese (Bauer et al. 2009) entstehen. Plötzliche Schwankungen der Temperatur und des pH-Werts, z.B. bei der Substratzufuhr, können zum Tod von Mikroorganismen führen, wobei die Phospholipide (Tenside) der Zellmembran so ebenfalls zur Schaumbildung beitragen (Bengelsdorf 2010, Gerardi 2003, Köttner 2000). Der thermophile Prozess ist anfälliger für die Schaumbildung als die mesophile Betriebsweise, da neben größerer Alkalinität auch höhere Konzentrationen an flüchtigen Fettsäuren möglich sind. Durch moderates Rühren wird der Fermenterinhalt homogenisiert und eine Schichtung vermieden. Ein kontinuierlicher Input sowie stabile Temperaturen verhindern zudem schwankungsbedingte Schaumbildung (Gerardi 2003). Außerdem können schaumverhütende Substanzen wie z.B. Polymethylsiloxan eingesetzt werden. Es ist ein farbloses, durchsichtiges, ungiftiges und chemisch inertes Polymer auf Siliziumbasis das u.a. in der Lebensmittelindustrie (E 900) zugelassen ist (Wikipedia 2011).

1.2.3 Output

1.2.3.1 Gasausbeute

Die Gasausbeute ist das "mathematische" Produkt aus dem substratspezifischen Gasbildungspotential und dem Ausnutzungsgrad des Fermentationsprozesses (Weißbach 2010). Das Betriebsvolumen des produzierten Biogases ist von der Temperatur und dem Luftdruck abhängig und sollte daher für eine Vergleichbarkeit mit der Zustandsgleichung für Gase (8) in Normvolumen (Nl bzw. Nm^3) bei 273,15 °K und 1,01325 bar umgerechnet werden (Eder & Schulz 2006, VDI 2006).

$$V_n = V \cdot (p \cdot T_n)/(p_n \cdot T) \qquad (8)$$

In der Praxis wird die Ausbeute oft auf die zugegebene Frischmasse oder das genutzte Fermentervolumen bezogen. Wird die Gasmenge nicht erfasst, kann nur eine ungenaue Berechnung über Motorleistung und Wirkungsgrad erfolgen (Eder & Schulz 2006). Wesentlich genauer und aussagekräftiger ist der spezifische Gasertrag, bezogen auf die organische Trockensubstanz, der vor allem in wissenschaftlichen Publikationen verwendet wird (Helffrich & Oechsner 2003, Oechsner & Lemmer 2002, Scherer et al. 2003, VDI 2006). Bei der TS-Bestimmung gehen jedoch flüchtige Stoffe mit hohem Methanbildungspotential verloren und sollten daher nachträglich miteinberechnet werden (Weißbach 2010).

Der Bezug auf die fermentierbare organische Trockensubstanz (FoTS) ist erst seit Kurzem im Gespräch und stellt wohl die exakteste Angabe für die spezifische Gasausbeute dar. Sie ist für alle Futterpflanzen, in denen hauptsächlich Kohlenhydrate enthalten sind, mit etwa 800 Nl Biogas bzw. 420 Nl Methan je kg FoTS, nahezu gleich (Weißbach 2010).

Schon in den Anfängen der Biogas-Forschung (Hashimoto 1982, Hashimoto 1983) wurden Batch-Versuche zur Bestimmung des Biogaspotentials und kontinuierliche Versuche zur Ermittlung des Einflusses von Temperatur, Zulaufkonzentration und mittlerer Verweilzeit durchgeführt (Heiermann et al. 2002, Helffrich & Oechsner 2003, Schlattmann et al. 2004). Theoretisch kann bei kontinuierlichen Versuchen durch den ständigen Ein- und Austrag von organischer Substanz das absolute Gaspotential eines Substrats nicht ermittelt werden. Deshalb ist es durchaus überraschend, dass in einer umfassenden Datenerhebung zu Biogasausbeuten keine gesicherten Unterschiede zwischen Batch- und Durchflussverfahren nachgewiesen werden konnten (KTBL 2005). In Ringversuchen ermittelt das KTBL (Kuratorium für Technik und Bauwesen in der Landwirtschaft) unter Beteiligung von etwa 30 Laboren die Gasausbeuten verschiedener Substrate. Trotz Bezug auf die VDI-Richtlinie 4630 (Vergärung organischer Stoffe) weisen sie zum Teil eine hohe substratunabhängige Variabilität auf, was auf unterschiedliche Probenverarbeitung und Datenprozessierung zurückzuführen ist (Wulf et al. 2011).

Die in der Literatur angegebenen Gaserträge (KTBL 2011) können bei Raumbelastungen von 1,5 bis 2,0 kg oTS m^{-3} d^{-1} bzw. Verweilzeiten von etwa 30 Tagen erreicht werden (Keymer 2005). Die absolute Methanausbeute, bezogen auf das Netto-Fermentervolumen [Nl m^{-3}], kann bis zu einer bestimmten Raumbelastung gesteigert werden und nimmt danach ab

(Chowdhury et al. 1995, Demirer & Chen 2004, Heo et al. 2003). Der spezifische Methanertrag [Nl kg^{-1} oTS] kann aber schon vorher ab Raumbelastungen von 1,0 bis 1,5 kg oTS m^{-3} d^{-1} bzw. verkürzter Verweilzeit sinken (Franke et al. 2008, Kastner & Schnitzhofer 2011, Keymer 2005). Bis zu 10 % der organischen Substanz können in mikrobieller Biomasse gespeichert werden und stehen somit der Gasbildung nicht zur Verfügung (Gerardi 2003, Keymer & Schilcher 1999).

Die Methanausbeute und -bildungsrate variieren je nach eingesetzter Biomasse. Faserhaltige Substrate, wie Mist oder Stroh, besitzen weniger Methanpotential mit geringerer Methanbildungsrate als Silagen oder kohlenhydrat-, fett- bzw. proteinreiche Substrate (Abb. 25 und 26) (Eder & Schulz 2006, Gujer & Zehnder 1983, Kaltschmitt & Hartmann 2001, Schattauer & Weiland 2004).

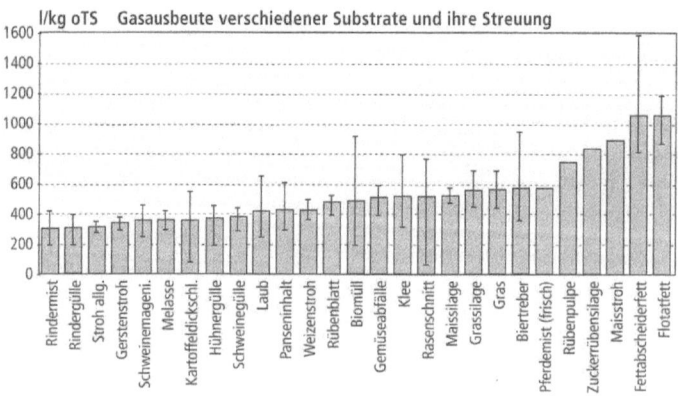

Abb. 25: Streuung der Biogasausbeute bei verschiedenen Substraten (Eder & Schulz 2006).

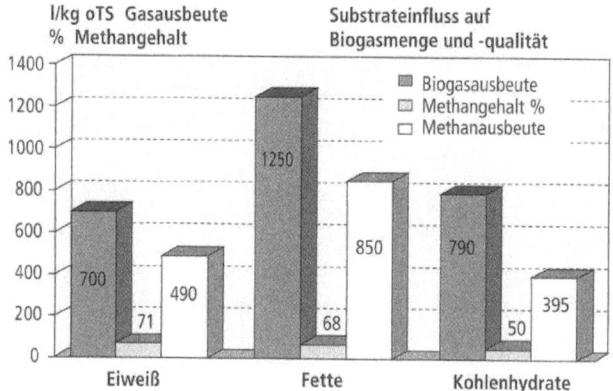

Abb. 26: Einfluss der Stoffgruppen auf Menge und Qualität des Biogases (Eder & Schulz 2006).

Die höchste Gasbildungsrate wird nach einer bestimmten Verweilzeit im Fermenter erreicht und nimmt anschließend ab (Abb. 27). In diesem Zusammenhang werden zuerst leicht abbaubare energiereiche Substanzen (v.a. Zucker) und gegen Ende schwer abbaubare Substanzen (wie Cellulose) verstoffwechselt. Bei höheren Temperaturen ist der Methanbildungsprozess schneller und erzielt auch größere Ausbeuten (siehe Abb. 28 und Kapitel 1.2.2.2.1).

Durchschnittlich beträgt die die absolute und die spezifische Ausbeute in den Praxisanlagen 1,1 Nm^3 CH_4 m^{-3} d^{-1} bzw. 371 Nl CH_4 kg^{-1} oTS (FNR 2009).

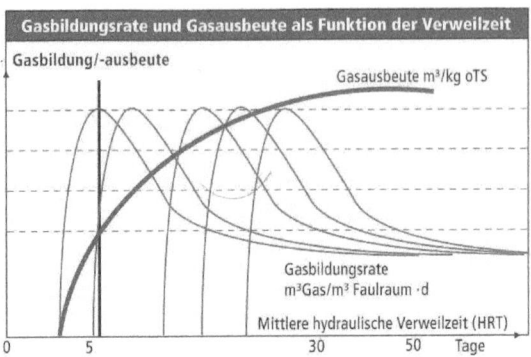

Abb. 27: Gasbildungsrate und Gasausbeute bezogen auf die Verweilzeit im Fermenter (Eder & Schulz 2006).

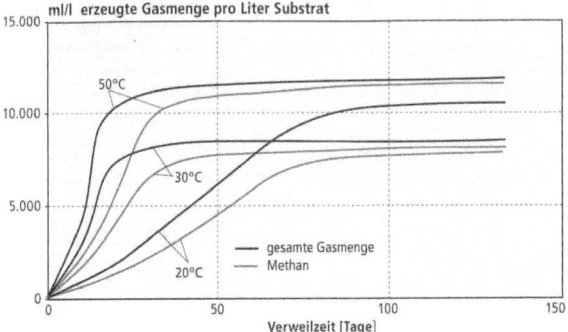

Abb. 28: Gasmenge abhängig von Temperatur und Verweilzeit (Eder & Schulz 2006).

1.2.3.2 Biogasnutzung

Die großen Vorteile von Biogas gegenüber den anderen erneuerbaren Energiequellen liegen in der kontinuierlichen Produktion unabhängig von Sonne und Wind, der Lager- und Transportfähigkeit sowie der flexiblen Verwendung zur Erzeugung von Strom, Wärme und Treibstoff.

In Deutschland wird derzeit in fast 7.000 Anlagen getrocknetes und entschwefeltes Biogas, vor allem zur dezentralen Erzeugung von Strom und Wärme in Blockheizkraftwerken (BHKW), mit einer elektrischen Gesamtleistung von fast 2.728 MW an den Anlagen direkt verbrannt (Eder & Schulz 2006, Fachverband Biogas e.V 2011), wenngleich die anfallende Abwärme jedoch noch nicht in allen Fällen sinnvoll genutzt wird. Dies soll sich aber ab 2012 mit dem neuen EEG ändern, da für Neuanlagen eine ganzjährige Abwärmenutzung von 60 % zur Pflicht wird (BMU 2011b).

Die Einspeisung ins Erdgasnetz macht eine weitere Aufbereitung wie Reinigung, CO_2-Abtrennung und Verdichtung notwendig (Eder & Schulz 2006). Nur etwa 2,6 % der deutschen Erdgasförderung strömen zurzeit in Form von Biomethan aus 47 Anlagen (Stand 03/2011) ins Erdgasnetz. Der jährliche Zuwachs von nur 16 Anlagen müsste fast um das Siebenfache gesteigert werden, um das von der Bundesregierung angestrebte Einspeisevolumen von 6 Mrd. m^3 im Jahr 2020 zu erreichen (Bensmann 2011). Da im Jahr 2010 nur 95.000 Erdagsfahrzeuge in Deutschland zugelassen waren, spielt Biomethan als Treibstoff ebenfalls eine untergeordnete Rolle. Der Bestand an Fahrzeugen müsste jährlich um 29 % wachsen damit sich eine Investition in die Infrastruktur wirtschaftlich rechnet. In anderen Ländern, wie z.B. Schweden, in denen es kein flächendeckendes Gasnetz gibt, wird Biogas vorrangig als Fahrzeugkraftstoff eingesetzt (Gaul 2011).

1.2.3.3 Gärrest

Das Gärsubstrat wird, mit nur noch geringem Restgaspotential, nach der Fermentation ins Gärrückstandslager transportiert und verbleibt so insgesamt im Durchschnitt etwa 100 Tage im Faulprozess (Eder & Schulz 2006). Im Gärrest wurde durch die hygienisierende Wirkung der Vergärung nur noch ein Bruchteil möglicher pathogener Keime gefunden (Deublein & Steinhauser 2008, Eder & Schulz 2006, Seigner et al. 2010) und außerdem die Geruchsintensität sowie Ammoniakfreisetzung bei der Ausbringung auf landwirtschaftliche Flächen im Vergleich zu Wirtschaftsdünger reduziert (Eder & Schulz 2006). Aufbereiteter Gärrest stellt einen nährstoffangereicherten marktfähigen Dünger dar (Döhler & Schliebner 2006, Schloz et al. 2011), der jedoch gegenüber einem aeroben Kompostprodukt aus Bioabfällen im Bezug auf Nährstoffgehalte (N, K^+, PO_4^{3-}, $CaCO_3$, Mg^{2+}) und organische Substanz im Nachteil ist (Pitschke et al. 2010). Durch Ansäuern des Gärrestes auf pH-Werte unter 5 kann jedoch fast 100 % des Ammoniums im Gärrest erhalten sowie der Gehalt an gelöstem Phosphor erhöht werden (Feng et al. 2011). Aus ökologischer Sicht ist die energetische Nutzung des Gärrests keine Alternative, wenn für die Gärprodukte eine Nachfrage besteht (Pitschke et al. 2010).

1.2.3.4 Emissionen

Große Mengen an Ammoniak aber vor allem an Methan, zwischen 2,5 % bis 9,7 % des Gesamtertrags, entweichen an etwa 65 % der Biogasanlagen über nicht abgedeckte Gärrestlager (FNR 2009). Wird das Restmethan aufgefangen, können sich die Anschaffungskosten für die gasdichte Lagerabdeckung innerhalb eines Jahres amortisieren (Balsari et al. 2011a).

Außerdem verursachen häufig unsaubere Verbrennungen des Biogases in den Blockheizkraftwerken und in einigen Fällen unsachgemäße Handhabung gasspeichernder und -führender Teile beachtliche Emissionen (Liebetrau et al. 2010). Vorbehandlungsstufen sollten möglichst gasdicht ausgeführt werden, da Prozessgasaustrag und Sauerstoffeintrag geldwerten Energieverlust bedeuten können (Buschmann & Busch 2011).

1.3 Wissenschaftliche Fragestellungen
1.3.1 Energetischer und stofflicher Kreislauf

Mithilfe von Sonnenenergie wird atmosphärisches Kohlenstoffdioxid im Rahmen der Photosynthese in Biomasse gespeichert, welche durch Umwandlungsprozesse über Millionen von Jahren als Öl, Kohle und Erdgas in der Erdkruste abgelagert wird. Durch die energetische Nutzung dieser fossilen Energieträger seit der Industrialisierung werden enorme Mengen an CO_2 in sehr kurzer Zeit wieder freigesetzt.
Bis jetzt ist die CO_2-Konzentration in der Atmosphäre um etwa das 1,5-fache angestiegen und der Gehalt des 21-mal klimawirksameren CH_4 wurde durch die Förderung von fossilen Brennstoffen, die Rinderzucht und den Reisanbau verdoppelt (Nentwig 2005). Durch die Substitution der fossilen durch erneuerbare Energieträger können die Emissionen von Treibhausgasen verringert werden (FNR 2011). Dazu müssen aber auch der Energieeinsatz und die Emissionen klimawirksamer Gase bei der Herstellung miteinberechnet werden, wodurch deren Nutzung v.a. in Form von flüssigen regenerativen Energieträgern oft zu negativen Bilanzen führt (Crutzen et al. 2008, Kreysa 2010, Schmitz et al. 2009, Schumacher 2008). Die Vergärung von Biomasse kann bei geschlossenen Stoffkreisläufen mit anschließender

Kompostierung bzw. Gärrestnutzung erste Wahl für eine nachhaltige bzw. ökoeffiziente Energieerzeugung sein (Pitschke et al. 2010, Willms et al. 2009). Betrachtet man einen Biogasfermenter als geschlossenes biologisches System, so müsste der Energie- und Stofffluss vollständig vom Input (organische Biomasse) zum Output (Biogas und Gärrest) gehen. Anhand Batch-Fermentationen im Labormaßstab soll eine Energie- und Kohlenstoffbilanzierung durchgeführt werden, um so einen Einblick in den biologischen Wirkungsgrad zu erhalten.

1.3.2 Bioabfall als Energiequelle

Das in Deutschland nutzbare Biogaspotential besteht zu 59 % aus Energiepflanzen, 24 % aus Gülle, 5 % aus Abwasser, 3 % aus Ernterückständen, 3 % aus Kommunalabfällen, 2 % aus Landschaftsmaterial, 2 % aus deponierten Abfällen und zu 2 % aus Industrieabfällen (FNR 2008). Im Jahr 2010 wurden in Deutschland auf die Masse bezogen 46 % nachwachsende Rohstoffe (Nawaro), 45 % Exkremente, 7 % Bioabfall, 2 % industrielle und landwirtschaftliche Reststoffe eingesetzt (FNR 2011). Aufgrund steigender Preise für Energiepflanzen besteht ein zunehmender Wettbewerb um biogene Reststoffe für den Einsatz in Biogasanlagen, Kläranlagen und der Tierfütterung (Wilken 2011). Es existieren unterschiedliche Angaben darüber, wie viel Bioabfälle in Deutschland v.a aus Privathaushalten für die Vergärung in Biogasanlagen potenziell zur Verfügung stehen. In Deutschland besteht der Hausmüll zu 30-45 % aus Bioabfall (Deublein & Steinhauser 2008) während durchschnittlich nur etwa 50 % der Einwohner eine Biotonne nutzen. Die getrennte Erfassung von Bioabfällen kann jedoch noch nennenswert gesteigert werden und soll ab Januar 2015 flächendeckend eingeführt werden (BMU 2011a). Im Jahr 2008 wurden maximal 50 % der gesammelten Biotonnenabfälle vor der Kompostierung vergoren (Schüch 2010, Wilken 2011). Im Jahr 2008 waren 741 reststoffverwertende Biogasanlagen zugelassen, die durchschnittlich 13 % Speisereste, 17 % Biotonne, 11 % Fettabscheiderinhalte, 9 % überlagerte Lebensmittel, 7 % Feldfrüchte, 20 % andere Bioabfälle und 23 % Gülle einsetzten (Wilken 2011). Gerade Speisereste und Abfälle aus der Lebensmittelherstellung und -verarbeitung sind mit ihrem hohen Anteil an Kohlenhydraten, Proteinen und Fetten sehr energiereich (Deublein & Steinhauser 2008, Eder & Schulz 2006, KTBL 2011) und werden im anaeroben Abbauprozess unter massiver Säurebildung sehr schnell abgebaut, was die Methanbildung erheblich stören kann (Eder & Schulz 2006, Lin et al. 2011, Schink 1997).

1.3.3 Bedeutung von Biofilmen bei der Vergärung von flüssigen Bioabfällen

Flüssige Bioabfälle können neben ihrem hohen Säurebildungspotential bereits große Mengen an organischen Säuren enthalten (Deublein & Steinhauser 2008, Eder & Schulz 2006, Hölker 2009, Li et al. 2009), die bei sauren Speiseresten zwischen 1.000 und 15.000 mg L^{-1} stark schwanken können (Görisch & Helm 2007). Diese Säuren können bei entsprechenden pH-Werten den Methanbildungsprozess beeinträchtigen (siehe Kapitel 1.2.2.3.1). Flüssige Bioabfälle sind arm an stabilen (cellulosehaltigen) Strukturen, welche von den meisten Mikroorganismen jedoch zum Wachstum und der Ausbildung von Stoffwechselgemeinschaften, sogenannten Biofilmen, benötigt werden (Caldwell et al. 1997, Flemming & Wingender 2010, MacLeod et al. 1990, Madigan et al. 2000, Nath & Das 2004). Langkettige organische Säuren, z.B. Bestandteil der Fette in Speiseresten, werden vorranging in diesen Biofilmen durch langsame syntrophe β-Oxidation abgebaut (Madigan et al. 2000, Schink 1997). Bei der Vergärung von Bioabfällen konnten durch die Kofermentation mit Pflanzenmaterial positive Effekte auf die Methanproduktion festgestellt werden. Diese Synergieeffekte waren vermutlich auf den schützenden und stabilisierenden Einfluss der Biofilmträger auf den Fermentationsprozess zurückzuführen (Lin et al. 2011, Wang et al. 2010) (siehe auch Kapitel 1.1.4).

Das Ziel der vorliegenden Arbeit ist es, den Gärprozess beim Einsatz von energiereichen, strukturarmen und dadurch schnell abbaubaren Substraten (vor allem Speiseresten) mithilfe oberflächenreicher stabiler Pflanzenstrukturen zu stabilisieren.

2 Material und Methoden
2.1 Substrate

Als Inoculum für die Laborexperimente wurde flüssiger Inhalt aus Fermenter 1 der Kofermentationsanlage Allgayer (siehe 2.3.2) entnommen, in den neben Schweinegülle, Mais- und Grassilage auch organische Abfallstoffe wie Speisereste, Altbrot und Kartoffelschalen zum Einsatz kamen. Die Speisereste (SR) wurden als verflüssigter saurer Brei (Abb. 29), durch den zertifizierten Entsorgungsfachbetrieb Pig Food (Aulendorf - Inh. Hr. Allgayer sen.) pasteurisiert und homogenisiert, in die Laborfermenter eingebracht. Das Altbrot (AB) (Abb. 30) aus der Überschussproduktion regionaler Bäckereien kam dagegen getrocknet und grobgemahlen in die Laborfermenter. Für jeden Fermentationsdurchlauf wurden die Substrate von der Anlage Allgayer jedes Mal frisch bezogen. Joghurt (JO) wurde als Ausschussware von den Milchwerken Schwaben (Neu-Ulm) abgeholt. Das Inoculum und die Maissilage (M) für die Batch-Fermentation 05/10 stammten von einer Maismonovergärungsanlage bei Dellmensingen (Ulm). Gehäckseltes und getrocknetes Weizenstroh bzw. Blätter von *Typha* dienten als Oberfläche zur Biofilmbildung. Die TS- und oTS-Gehalte der eingesetzten Substrate sind in Tabelle 2 dargestellt. Da keine spezifischen Methanerträge für *Typha* vorlagen, wurden diejenigen von Stroh verwendet.

Abb. 29: saurer Speisebrei vor Zugabe in die Laborfermenter.

Abb. 30: Altbrot im Fahrsilo.

Tab. 2: Eigenschaften und Methanpotentiale der verwendeten Substrate nach eigener Ermittlung und nach KTBL (2011) (TS: Trockensubstanz, oTS: organische Trockensubstanz).

Substrate	Ø TS [%]	Ø oTS [%]	Ø C [%]	Ø N [%]	Ø C/N Verhältnis	Ø Energiegehalt [MJ kg^{-1} TS]	Ø CH$_4$-Ertrag [Nl kg^{-1} oTS]
Inoculum (SR/AB)	4,2	62,5	34,8	4,1	9:1	14,2	37,0
Inoculum (NawaRo)	10,1	80,1	40,9	2,8	15:1	16,5	k.A.
Speisereste (SR)	18,7	91,4	50,1	3,5	14:1	22,3	408,0
Quark (Joghurt-JO)	21,4	94,9	47,9	2,4	20:1	20,4	448,9
Maissilage (M)	33,0	95,0	45,7	1,2	38:1	18,0	338,0
Altbrot	100,0	96,4	45,2	2,0	23:1	18,5	402,8
Weizenstroh / Typha	100,0	90,2	45,4/43,0	0,8/1,1	57:1/39:1	18,0	138,6

Da keine Literaturwerte zu dem eingesetzten Inoculum (Anlage Allgayer) vorhanden waren, wurde dessen Restgaspotential in einem separaten Lauf bestimmt (Tab. 3). Mit dem spezifischen Restmethanpotential von 37,04 Nl kg^{-1} oTS wurden 10 % der durchschnittlichen spezifischen Gesamtausbeute ausgewählter Praxisanlagen erreicht (FNR 2009).

Tab. 3: Ermittlung Restgaspotential Inoculum (Anlage Allgayer)

Fermenter	Rest-Methan [Nl]
1	8,32
2	9,21
3	7,54
4	8,55
Mittelwert	**8,40**

Ø-CH$_4$ [%]	52
Dauer [d]	7,8
Gärrest/Inoculum [kg]	7,5
Gärrest/Inoculum [% TS]	4,6
Gärrest/Inoculum [% oTS]	65,5
Gärrest/Inoculum [kg oTS]	0,23
Restmethanertrag spezifisch [Nl kg^{-1} oTS]	**37,04**
Restmethanertrag absolut [Nl m^{-3}]	**1120**
Restmethanbildungsrate (am Ende) [Nl m^{-3} d^{-1}]	**64**

2.2 Analyse der Biofilmträger

Um im Fermenter möglichst große Oberflächen zur Ausbildung von Biofilmen anzubieten, wurden zunächst aerenchymatische Blätter von *Typha latifolia* verwendet. Sie besitzen durch ihr luftleitendes poröses Gewebe zusätzlich eine vergrößerte innere Oberfläche. In weiteren Fermentationen wurde auch Weizenstroh als Biofilmträger getestet. Alle pflanzlichen Strukturen wurden auf etwa 2 cm Länge zerkleinert und nach dem Trocknen bei 60 °C dem Gärprozess zu Beginn (Batch) bzw. bei kontinuierlichem Betrieb einmal wöchentlich zugesetzt. Bei stabiler Methanproduktion wurden Proben davon entnommen und auf 3-5 mm Größe zurechtgeschnitten. Für die visuelle Analyse unter dem Rasterelektronenmikroskop (Carl Zeiss, Jena, Deutschland) wurden die Biofilmträger fixiert, in einer Alkoholreihe entwässert, getrocknet (kritisch Punkt Trocknung mit CO_2 in einer Druckkammer - Polaron E 3000, Polaron Equipment Limited, England) und mit einer leitenden Goldschicht überzogen (besputtert - Balzers Union, Lichtenstein). Außerdem wurde die spezifische Oberfläche [cm^2 g^{-1}] die zur Biofilmbildung auf Stroh und *Typha* zur Verfügung steht mithilfe eines LI-3100 Area Meter (Li-Cor. Inc. Lincoln, Nebraska, USA) bestimmt (Tab. 4).

Tab. 4.: spezifische Biofilmträgeroberfläche;
FM: Frischmasse, TM: Trockenmasse

∅	*Typha* (26,3 % TS)	Stroh (94,2 % TS)
cm² g^{-1} FM	26,6	181,8
cm² g^{-1} TM	101,3	193,1

Im Vergleich zu *Typha* hatte Stroh mit fast 200 cm^2 g^{-1} TM eine fast doppelt so große spezifische Oberfläche für die Ansiedlung von Biofilmen.

2.3 Biogasproduktion

Es wurden insgesamt sieben diskontinuierliche (Batch) und zwei kontinuierliche Fermentationsversuche durchgeführt und ausgewertet. Parallel zum ersten kontinuierlichen Versuch im Labormaßstab wurden die Erkenntnisse aus dem Batch-Betrieb im Praxisversuch getestet.

2.3.1 Biogasproduktion im Labormaßstab
2.3.1.1 Laborbiogasanlage

Zur Durchführung der Gärversuche wurde eine Biogasanlage im Labormaßstab mit vier parallelen Rührkesseln errichtet. Die Fermenter bestehen aus Duranglas, um eine visuelle Beurteilung des Fermentationsprozesses hinsichtlich Konsistenz, Farbe, Durchmischung und

Schaumbildung zu ermöglichen. Der einzelne Glasfermenter ist gasdicht zwischen einem Boden und Deckel aus 20 mm starken PVC-Hartplastik mit Gummidichtung eingespannt. Durch Bohrungen im Deckel (Abb. 31) tauchen die Sensoren gasdicht in den Gasraum bzw. in den flüssigen Fermenterinhalt ein, welcher durch ein zentrales Rührwerk periodisch langsam durchmischt wird. Das Rühren spielt eine wichtige Rolle während des anaeroben Abbaus, um den Substratkontakt mit den Mikroorganismen zu gewährleisten, die Homogenität von pH und Temperatur zu verbessern, Stratifizierung und Schaumbildung zu verhindern und das Austreten des Biogases aus der Flüssigkeit zu fördern (Eder & Schulz 2006, Gerardi 2003). Im Deckel befinden sich zudem ein Schlauchanschluss zur Gasableitung sowie ein verschließbares Tauchrohr für die Befüllung und Entnahme von Substrat bzw. Fermenterinhalt. In Abbildung 32 ist die schematische Anordnung der Laborbiogasanlage mit Sensorik und in Abbildung 33 der Gesamtaufbau im Fermenterlabor zu sehen. Die Anlage kann sowohl im Batch-Ansatz als auch kontinuierlich betrieben werden (Abb. 34). Für die Entnahme von Gärrest wurde ein Metallzylinder mit verschließbarem Boden angefertigt (Abb. 35).

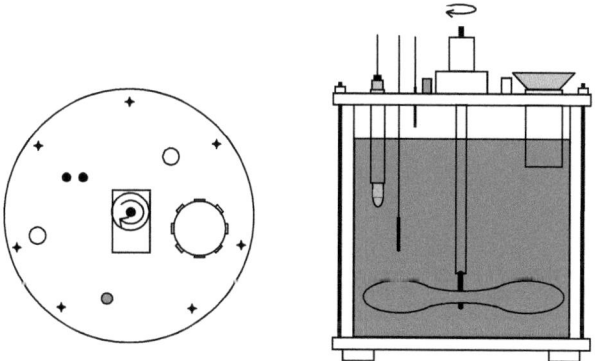

Abb. 31: Oberseite und Seitenansicht des Fermenters (schematisch).

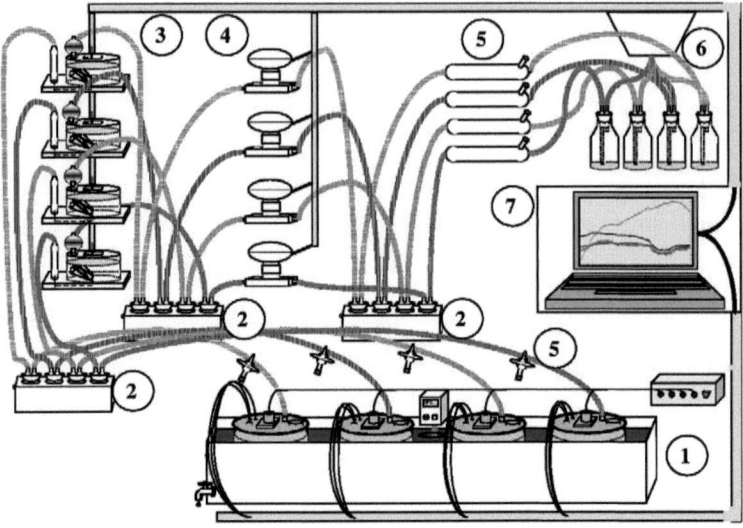

Abb. 32: Schematischer Aufbau der Biogasversuchsanlage mit vier parallel betriebenen Fermentern.

Die vier parallel betriebenen Fermenter stehen im temperierten Wasserbad (38 °C) (1). Alle 15 min. durchmischt das Rührwerk den Fermenterinhalt für 3 min. bei etwa 60 U/min. Das Biogas wird über PVC-Schläuche abgeleitet und auf Raumtemperatur abgekühlt, wobei sich anfallendes Kondenswasser in leeren Glasflaschen der Kondensatboxen (2) sammelt. Das Gasvolumen wird durch Kippzähler (3) mit der Auflösung von 1 ml erfasst. Die unmittelbar auf die Zähler folgenden hohlen Glaskugeln verhindern, dass die Sperrflüssigkeit der Gaszähler bei zu starker Gasproduktion durch Blasenbildung in die Schlauchleitungen austritt und sich somit verringert (siehe Abb. 36). Das Problem der Blasenbildung ist im Laufe des Projektes vom Hersteller der Sperrflüssigkeit durch ein verbessertes Produkt behoben worden.

Durch die anschließenden Infrarotsensoren (4) wird der prozentuale Methangehalt im Biogas gemessen. Danach oder unmittelbar nach den Fermentern besteht die Möglichkeit, mit einer Spritze durch ein Septum Gasproben zu entnehmen (5). Bevor das Biogas in die Abluft eingeleitet wird (6), durchlaufen sie noch eine geringe Wassersäule von etwa 0,5 cm, um ein abgeschlossenes Gassystem für jeden Fermenter zu gewährleisten. Kontinuierlich erfasst werden das Gasvolumen, die Methan- und Sauerstoffkonzentration sowie der pH-Wert und der CO_2-Partialdruck im flüssigen Fermenterinhalt (7). Für die Bestimmung von Prozessparametern aus dem flüssigen Fermenterinhalt wird regelmäßig über das Tauchrohr Gärsubstrat entnommen.

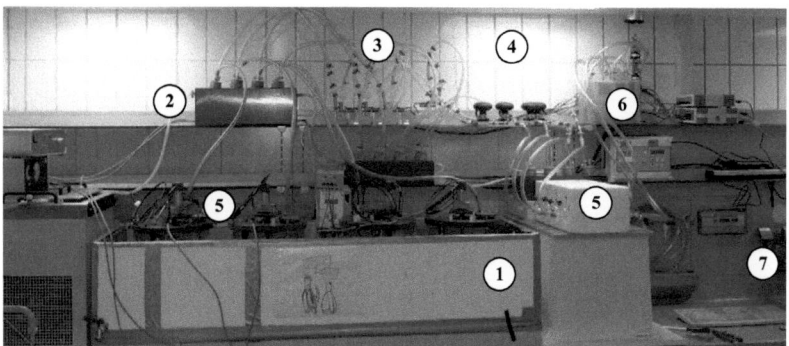

Abb. 33: Biogasversuchsanlage mit vier parallel betriebenen Fermentern.

Abb. 34: Anlage im kontinuierlichen Betrieb: Substratentnahme und Zufuhr über das Tauchrohr.

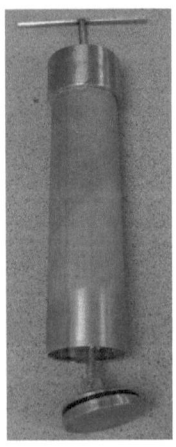
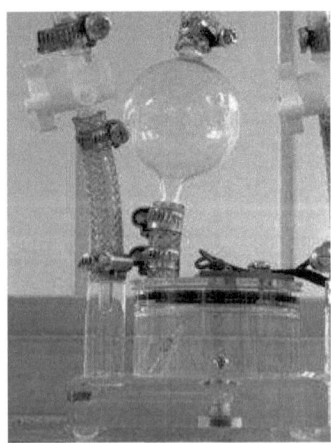

Abb. 35: Probenahme-Zylinder.   Abb. 36: Kippzähler mit Glaskugel.

2.3.1.2 Diskontinuierliche Fermentationen

Die Gasmengenmessung des ersten Batch-Versuchs (12/08) wurde durch schäumende Sperrflüssigkeit beeinträchtigt. Aus diesem Grund wurden die Glaskugeln an die Gaszähler angebracht, um in den nachfolgenden Durchläufen dieses Problem zu beheben. Die sieben Batch-Experimente sind hinsichtlich der wichtigsten Kennzahlen in Tabelle 5 zusammengefasst. Das Strukturmaterial (Typha ~ 88 % oTS und Stroh ~ 90 % oTS) wurde im Trockenschrank (60 °C) gelagert und die zugesetzte Menge, sowohl bei den Raumbelastungen als auch bei den anschließenden Methanausbeuten, berücksichtigt.

Tab. 5: Prozesskennzahlen der Batch-Durchläufe. Die Raumbelastung wurde aus dem Gesamtinput und der Fermentationsdauer errechnet. *aufgebaste Speisereste; grau: unzuverlässige Gasmengenmessung; SR: Speisereste, AB: Altbrot, JO: Joghurt, M: Maissilage.

Lauf	F-Nr.	Struktur in [g] u. [%]-Gesamtmasse			Mischverhältnis zu Altbrot [oTS]:[oTS]	Gesamtinput [kg oTS m^{-3}]	Raumbelastung [kg oTS m^{-3}d^{-1}]	Dauer [d]
12/08	1	Typha	45	0,43	SR	0,9:1	77,12	1,98	39
12/08	*2	Typha	45	0,43	SR	0,9:1	77,12	1,98	39
12/08	3	-	-	-	SR	0,9:1	73,06	1,87	39
12/08	*4	-	-	-	SR	0,9:1	73,06	1,87	39
03/09	1	Stroh	20	0,23	SR	1,7:1	68,24	1,84	37
03/09	2	Typha	20	0,23	SR	1,7:1	68,24	1,84	37
03/09	3	T. ferm.	20	0,23	SR	1,7:1	68,24	1,84	37
03/09	4	-	-	-	SR	1,7:1	66,12	1,79	37
05/09	1	Stroh	20	0,23	SR	1,4:1	58,82	1,41	42
05/09	2	Typha	20	0,23	SR	1,4:1	58,82	1,41	42
05/09	3	T. ferm.	20	0,23	SR	1,4:1	58,82	1,41	42
05/09	4	-	-	-	SR	1,4:1	56,71	1,36	42
07/09	1	Typha	20	0,23	SR	2,0:1	74,12	1,62	46
07/09	2	-	-	-	SR	2,0:1	72,00	1,57	46
07/09	3	Typha	20	0,23	JO	2,2:1	76,47	1,67	46
07/09	4	-	-	-	JO	2,2:1	74,35	1,62	46
09/09	1	-	-	-	SR	1,0:0	44,99	2,08	22
09/09	2	Typha	20	0,22	SR	1,0:0	46,99	2,17	22
09/09	3	-	-	-	JO	1,0:0	42,50	1,96	22
09/09	4	Typha	20	0,22	JO	1,0:0	44,50	2,05	22
02/10	1	-	-	-	SR	0,5:1	71,18	1,35	53
02/10	2	Stroh	50	0,57	SR	0,5:1	76,47	1,45	53

02/10	3	-	-	-	SR	1,0:1	95,88	1,82	53
02/10	4	Stroh	50	0,57	SR	1,0:1	101,18	1,92	53
05/10	1	-		-	M	1,0:0	49,21	0,78	63
05/10	2	Stroh	50	0,56	M	1,0:0	54,51	0,87	63
05/10	3	-		-	M	1,0:0	63,80	1,02	63
05/10	4	Stroh	50	0,53	M	1,0:0	69,11	1,10	63

2.3.1.3 Kontinuierliche Fermentationen

Bei den kontinuierlichen Versuchen ist die Raumbelastung in bestimmten Zeitabständen gesteigert worden. Zum aktiven Fermenterinhalt (Inoculum) wurden täglich eine bestimmte Menge an Speiseresten bzw. Speiseresten und Altbrot in die Fermenter gegeben, nachdem die gleiche Menge Fermenterinhalt als Gärrest entnommen wurde. Als Strukturmaterial kam in je zwei Fermenter ca. 2 cm langes getrocknetes Weizenstroh in einer Menge von 0,5 g TS L^{-1} Woche^{-1} zum Einsatz, was lediglich 0,05-0,06 % der Biomasse im Fermenter entsprach. Das Methanpotential von 5 g Stroh pro Woche mit 0,00375 Nl h^{-1} (nach KTBL) ist nicht berücksichtigt worden, weil die Darstellung der Ausbeute nur auf 0,01 Nl h^{-1} erfolgte.

Beim ersten kontinuierlichen Versuch wurde die Raumbelastung ausschließlich mit Speiseresten in einer bzw. zwei Stufen um je 100 % gegenüber dem Anfang erhöht. Im ersten Zeitraum betrug die Raumbelastung in den Fermentern 1,94 kg oTS m^{-3} d^{-1} und nach 30 Tagen 3,88 kg oTS m^{-3} d^{-1} für 28 Tage (Zeitraum 2). Nur Fermenter 3 und 4 wurden danach noch weiter mit 5,88 kg oTS m^{-3} d^{-1} belastet und nach 10 Tagen die Zufuhren eingestellt, während Fermenter 1 und 2 bei unveränderten Belastungen weiter betrieben wurden.

Bei der zweiten kontinuierlichen Fermentation bestand das Inputmaterial zu 75 % aus Speiseresten und zu 25 % aus Altbrot. Die Anfangsraumbelastung von 1,79 kg oTS m^{-3} d^{-1} wurde bei allen Fermentern ab der dritten Woche um

10 % pro Woche erhöht, bis nach der endgültigen Raumbelastung von 4,63 kg oTS m^{-3} d^{-1} die Substratzufuhr nach 13 Wochen eingestellt wurde.

2.3.2 Biogasproduktion im Praxismaßstab

Die Praxisbiogasanlage Allgayer (Abb. 37, 38 und 39), bestehend aus 3 Fermentern mit Endlager, wurde bei 40 °C und einem mittleren Methangehalt von 51 % im Biogas betrieben. Auf die gesamte Anlage wurden pro Tag im Durchschnitt die Frischmasse von 8-10 m^3 Schweinegülle (gelagert), 15 m^3 Speisereste, 4 t Altbrot, 1,5 t Silage (Mais) und 0,5 t Kartoffelschalen gegeben (Tab. 6). Aufgrund bautechnischer Gegebenheiten wurde die gesamte Schweinegülle in Fermenter 1 eingeführt.

Tab. 6: Kennzahlen zur Biogasanlage Allgayer, Stand: 12/2009.

Fermentervolumen (Brutto) [m^3]	350, 450, 1200
Installierte elektrische Leistung [kW]	380 (2x 190)
Aktuelle elektrische Leistung [kW]	340-350

Input (FM) auf die gesamte Anlage [d^{-1}]	Methanertrag (KTBL) [Nl kg^{-1} oTS]
8-10 m^3 Schweinegülle	240
15 m^3 Speisereste	272
4 t Altbrot	403
1,5 t Silage (Mais)	312
0,5 t Kartoffelschalen	374

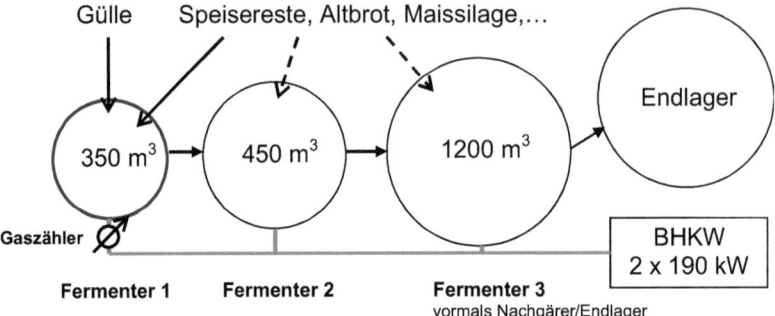

Abb. 37: Schematischer Aufbau der Praxisbiogasanlage Allgayer in Aulendorf mit den jeweiligen Bruttofermentervolumina; Fermenter 1 verfügt über einen Gaszähler.

Abb. 38: Anlage Allgayer – Anlieferung der Speisereste zwischen Fermenter 1 und 2.

Abb. 39: Anlage Allgayer – links: Fahrsilo mit Altbrot und dahinter das Maschinenhaus. Von rechts bis zur Mitte: Fermenter 1, 2 und Fermenter 3 mit Speicherfolie im Hintergrund.

Fermenter 1 wurde uns für die praktische Anwendung der in den Laborversuchen gesammelten Erkenntnisse zur Verfügung gestellt. Zunächst ist über einen Zeitraum von mehr als 100 Tagen die tägliche Substratinputmenge und die Gasausbeute erfasst worden. Danach kam für etwa 100 weitere Tage alle 2 Wochen 320 kg gehäckseltes Stroh (86 % TS, 90 % oTS) als Biofilmträger auf 300 m^3 Nettofermenterinhalt zum Einsatz, was in etwa 0,06 kg oTS m^{-3} d^{-1} ($\sim$ 0,11 % der Gesamtmasse) entsprach. Zeitgleich wurde damit begonnen, die Raumbelastung vor allem mit Speiseresten langsam zu steigern.

2.4 Analysen und Geräte

2.4.1 O_2-Konzentration

Da für die Methanogenese strikt anaerobe Bedingungen nötig sind, wurde mittels optischen Sauerstoffsensoren (O_2 Dipping Probe - Precision Sensing GmbH, Regensburg, Deutschland) die Sauerstoffkonzentration im Fermentergasraum während der Vergärung kontinuierlich überwacht.

2.4.2 CO_2-Partialdruck (pCO_2)

Der Anteil an gelöstem CO_2 im Fermenterinhalt ist von der Bicarbonatpufferstärke, der Temperatur und dem pH-Wert während der Vergärung abhängig. Neben der indirekten Berechnung nach Henderson-Hasselbalch (6) wurde der pCO_2 direkt mithilfe von optischen Sensoren (CO_2 Dipping Probe - Precision Sensing GmbH, Regensburg, Deutschland) in der Fermenterflüssigkeit ermittelt.

2.4.3 Biogasvolumen und Methangehalt

Die produzierte Gasmenge wurde über je einen Gaskippzähler (Ritter Milligascounter, Ritter GmbH & Co. KG, Bochum, Deutschland) (Abb. 40) mit der Auflösung von 1 ml erfasst und von der Software (BACVis 7.6.0.2 BlueSens GmbH, Herten, Deutschland) in Normliter umgerechnet. Mit derselben Software wurde der Methangehalt des Biogases über Infrarotsensoren (BCP-CH4, BlueSens GmbH, Herten, Deutschland) erfasst.

Abb. 40: Milligascounter.

2.4.4 pH- und FOS/TAC-Wert

In jeden der vier Fermenter wurde eine kalibrierte pH-Elektrode (WTW, Sensolyt SE) gasdicht über ein Tauchrohr im Fermenterdeckel in den flüssigen Fermenterinhalt eingeführt. Durch Verstärkung des Signals konnte der pH-Wert im Fermentermilieu kontinuierlich über einen Data-Logger (Delta-T ltd., Burwell, UK) erfasst werden. Zudem wurde regelmäßig der pH-Wert und die Pufferbelastung (FOS/TAC) von je 50 ml des Gärmediums bestimmt (siehe 1.2.2.3.1).

2.4.5 Flüchtige organische Verbindungen

Zu jedem Analysezeitpunkt wurde aus jedem Fermenter 3 x 1 ml flüssiger Inhalt entnommen und zur Inaktivierung des mikrobiellen Abbaus zu jeweils 1 ml 100 % Ameisensäure in Schnappdeckelgläser gegeben, geschüttelt und bis zur weiteren Analyse bei -21°C eingefroren. Die Proben wurden anschließend auf eine Verdünnung von 1:10 gebracht und bei 13.000 U/min. für 15 min. zentrifugiert (Heraeus Biofuge 13, Thermo Fisher Scientific Inc., MA, U.S.A.). Aus dem Überstand jeder Probe wurden 2 mal 1 µl in den Gaschromatographen (CP 9001, Chrompack) zur Analyse der flüchtigen Verbindungen eingespritzt. Der Gaschromatograph wurde nach dem Protokoll in Tabelle 7 betrieben. Die Auswertung erfolgte gegen eine Kalibrierung aus zwei Standards (0,5 und 1,0 mg ml^{-1}) (Oechsner 2008).

Tab. 7: Kennzahlen der gaschromatographischen Analyse zur Bestimmung flüchtiger Verbindungen aus flüssigen Fermenterproben.

Detektor	FID
Zeit [min]	21,2
Fluss	28,03
Ofen [°C]	50
Vordruck [bar]	30
Trägergas	He

Säule	SGE HT5; Kapillarsäule
Säulen ID [mm]	0,32
Säulenlänge [m]	30
Gasgeschwindigkeit	15,4
Totzeit	3,24
Splitverhältnis	37,4
Temperaturprogramm	Anfang: 50°C 1 min, 10°C/min, Ende: 180°C 4 min
Detektor Temperatur [°C]	300
Injektor Temperatur [°C]	250

Die gaschromatographische Analyse wurde der titrimetrischen Methode vorgezogen, da titrimetrisch ermittelte Säuregehalte, aufgrund sich überschneidender Puffersysteme im Bereich von pH 5,0-5,5, nicht mit den Werten der wesentlich genaueren GC-Analyse gleichgesetzt werden können (Jenkins et al. 1983, Rieger & Weiland 2006, Ripley et al. 1986).

2.4.6 TS- und oTS-Bestimmung

Zur Bestimmung des Trockensubstanzgehalts [% TS] wurde die zu analysierende Probe in einem Trockenschrank bei 60 °C bis zur Gewichtskonstanz (≥ 72 h) getrocknet und in Bezug zur Frischmasse gesetzt. Im Anschluss wurde die Probe in einer Zentrifugenmühle gemahlen, bei 105 °C erneut getrocknet (DIN EN 15169) und in definierter Menge (~ 2 g) bei 550 °C im Muffelofen verascht. Der organische Trockensubstanzgehalt [% oTS] wurde aus dem Glühverlust ermittelt.

2.4.7 Energiegehalt, C/N-Gehalt und Bilanzierung

Für die Analysen wurden die Proben getrocknet und fein gemahlen. Zur Bestimmung des Energiegehalts [J g^{-1}] wurden ~ 200 mg der Probe im Kalorimeter (IKA, C 7000) verbrannt und der resultierende

Temperaturanstieg der Berechnung zugrunde gelegt.

Die prozentualen Kohlenstoff- und Stickstoffanteile wurden bei vollständiger Verbrennung von etwa 100 mg der Probe im entstehenden Gas ermittelt (TrueSpec C/N, Leco).

Für eine Bilanzierung wurde der gesamte Energie- und Kohlenstoffgehalt der Batch-Fermenter vor und nach der Fermentation bestimmt. Auch die flüchtigen organischen Säuren von Inoculum und Gärrest, nicht aber der flüssigen Inputsubstrate (Speisereste und Joghurt), wurden gaschromatographisch erfasst und einberechnet. So konnte die Energie- bzw. Kohlenstoffdifferenz zwischen Input und Output mithilfe von spezifischen Konstanten (Tab. 8) äquivalent in Normvolumen Methan [Nl] umgerechnet und der tatsächlich gemessenen Methanausbeute gegenübergestellt werden.

Um den Methanertrag aus der Energiedifferenz [kJ] zu erhalten, wurde durch den Brennwert von Methan [kJ Nl^{-1}] dividiert (9).

$$V\text{CH}_4 \ [\text{Nl}] = \Delta E_{\text{Input-Output}} \ [\text{kJ}] \ / \ H_s\text{CH}_4 \ [\text{kJ Nl}^{-1}] \tag{9}$$

Im Rahmen der Kohlenstoffbilanzierung wurde zunächst aus der C-Differenz [g] mithilfe der Atommasse (m) des Kohlenstoffs dessen Stoffmenge (n) [mol] errechnet (10). Bezogen auf den mittleren Methananteil im Gas [%] und dessen molares Gewicht (M) [g mol^{-1}] erhielt man die Masse (m) an Methan (11). Das Methanvolumen [Nl] ergab sich nun aus dessen Masse und Dichte (ρ) [g Nl^{-1}] bei 0 °C (12).

$$n_C \ [\text{mol}] = \Delta m_{C \ \text{Input-Output}} \ [\text{g}] \ / \ u_C \ [\text{g mol}^{-1}] \tag{10}$$

$$m_{\text{CH4}} \ [\text{g}] = n_C \ [\text{mol}] \times \text{CH}_4 \ [\%] \times M_{\text{CH4}} \ [\text{g mol}^{-1}] \tag{11}$$

$$V_{CH4} \, [\text{Nl}] = m_{CH4} \, [\text{g}] \times \rho_{CH4} \, [\text{g Nl}^{-1}] \tag{12}$$

Von der Bilanzierung ausgeschlossen waren zum einen die Fermenter Nr. 1-4 aus 12/08 aufgrund fehlender TS-, C- und Energiegehalte und zum anderen Nr. 1-4 aus 07/09 und Nr. 3 aus 02/10 durch die Zugabe an puffer- und pH-stabilisierenden anorganischen Salzen. Wegen unzuverlässiger Gasmengenmessung bei Fermenter 2 aus 03/09 fand für diese Parameter ebenfalls keine Berechnung statt.

Tab. 8: Konstanten zur Berechnung der Methanausbeute.

Konstanten		
Anteil C an Essigsäure	40	[%]
Brennwert (H_s) Essigsäure	14,57	[kJ g^{-1}]
Brennwert (H_s) CH$_4$ (bei 0°C)	39,9	[kJ Nl^{-1}]
Atommasse* (m) C	12	[u] oder [g mol^{-1}]
Molare Masse (M) CH$_4$	16	[g mol^{-1}]
Dichte CH$_4$ (ρ) (bei 0°C)	0,657	[g Nl^{-1}]

*die molare Masse [g mol^{-1}] entspricht zahlenmäßig dem Atomgewicht [u]

2.4.8 Auswertung

Die Berechnung, Auswertung und Statistik der Daten sowie ein Teil der Graphiken wurde mit Hilfe von Excel 2003 (Microsoft Corp., Redmond, USA) angefertigt. Weitere Diagramme wurden mit SigmaPlot 9.0 (Systat Software, Inc. 2004, Richmond, USA) erstellt.

3 Ergebnisse

3.1 Analyse der Biofilmträger

3.1.1 Blätter von *Typha*

In den folgenden Abbildungen 41-43 sind die Blätter von *Typha* vor und nach der Fermentation zu sehen. Die gehäckselten Blätter hatten eine Größe von etwa 2 cm und waren nach der Fermentation von einer viskosen und schleimigen Masse umgeben (Abb. 41). Sie wiesen neben der profilierten Oberfläche auch im Inneren durch das aerenchymatische Gewebe potentiell geeignete Bewuchsflächen auf (Abb. 42). Im Gegensatz zur Außenseite, die sehr stark besiedelt war, wurden im Inneren der *Typha*-Blätter nur wenig bakterielle Strukturen gefunden (Abb. 43).

 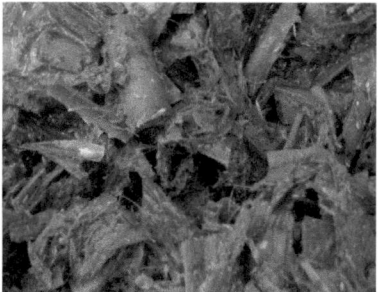

Abb. 41: Zerkleinerte Blätter von *Typha* vor und nach der Fermentation.

Ergebnisse

Abb. 42: REM-Aufnahmen: Querschnitt und Außenseite eines Blattes von *Typha* vor der Fermentation.

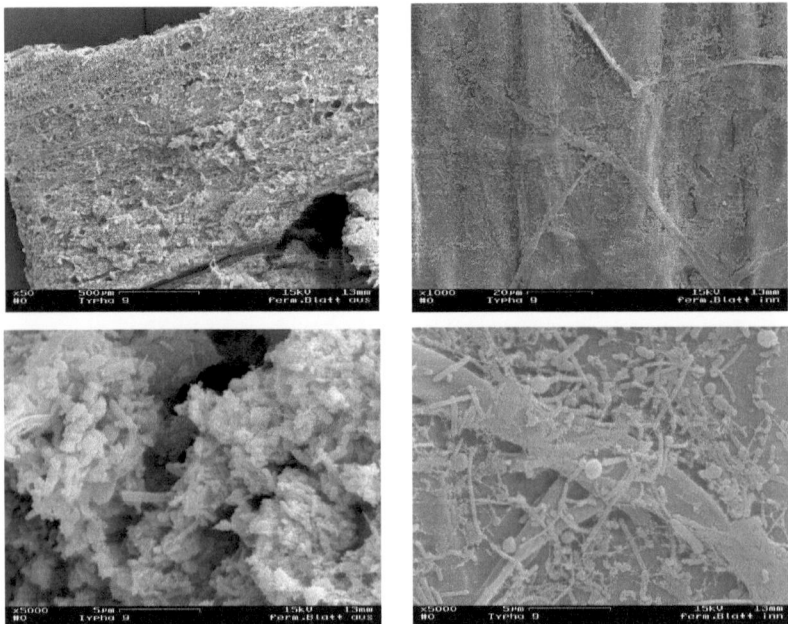

Abb. 43: REM-Aufnahmen: Bakterielle Strukturen an Blättern von *Typha* nach der Fermentation: linke Spalte: Äußere Oberflächenbesiedlung, rechte Spalte: Strukturen im Inneren der Aerenchyme. Die starken Vergrößerungen lassen verschiedene bakterien-ähnliche Strukturen von ca. 1 μm Durchmesser erkennen.

3.1.2 Weizenstroh

Zwischen den einzelnen Strohhalmen konnte ebenfalls nach der Fermentation diese viskose und schleimige Masse ausgemacht werden (Abb. 44). Obwohl die Außenseite der Strohhalme glatter als die der *Typha*-Blätter war (Abb. 45), wies sie eine ähnlich starke Besiedlung durch mikrobielle Biofilme auf (Abb. 46). Die Biofilme waren an manchen Stellen bis zu 50 µm dick (Abb. 47) und lösten sich bei der Präparation von den Strohhalmen leichter ab als von den *Typha*-Blättern. Im inneren Hohlraum des Weizenstrohs wurden keine mikrobiellen Strukturen gefunden.

 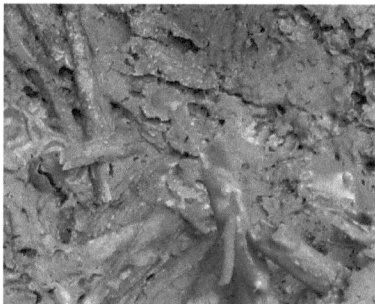

Abb. 44: Zerkleinertes Weizenstroh vor und nach der Fermentation.

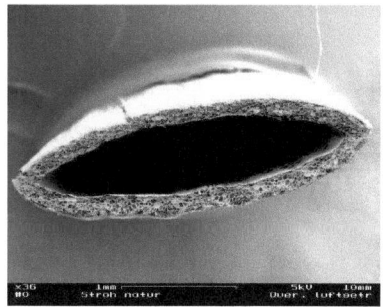 

Abb. 45: REM-Aufnahmen: Querschnitt und Außenseite eines Strohhalmes vor der Fermentation.

Ergebnisse

Abb. 46: REM-Aufnahmen: Mikrobielle Besiedlung an der Außenseite von Weizenstroh nach der Fermentation.

Abb. 47: Biofilm auf der Außenseite von Stroh nach der Fermentation, etwa 50 µm dick.

3.2 Biogasproduktion

3.2.1 Diskontinuierliche Fermentationen im Labormaßstab

In Tabelle 9 sind die Methanerträge der einzelnen Durchläufe aufgelistet. Zunächst werden die Ergebnisse der einzelnen Batch-Fermentationen im Detail dargestellt und im Anschluss zusammenfassend bewertet. Auf die theoretischen KTBL-Ausbeuten wird nur in der Diskussion eingegangen.

Tab. 9: Kennzahlen und Methanerträge der Batch-Durchläufe; *aufgebaste Speisereste, grau: unzuverlässige Gasmengenmessung.

Lauf	Nr.	Struktur [g] und [%]- Gesamtmasse			Misch-verhältnis zu Altbrot [oTS]:[oTS]	Gesamt-input [kg oTS m^{-3}]	Raum-belastung [kg oTS m^{-3}d^{-1}]	Dauer [d]	Ø-CH$_4$ [%]	Methanertrag			nach KTBL [%]
										[Nl]	[Nl kg^{-1} oTS]	KTBL [Nl kg^{-1} oTS]	
12/08	1	Typha	45	0,43	SR	0,9:1	77,12	1,98	39	61	32,36	41,96	287,09	14,62
12/08	*2	Typha	45	0,43	SR	0,9:1	77,12	1,98	39	67	222,19	288,12	287,09	100,36
12/08	3	-	-	-	SR	0,9:1	73,06	1,87	39	67	190,91	261,31	295,34	88,48
12/08	*4	-	-	-	SR	0,9:1	73,06	1,87	39	68	156,59	214,75	295,34	72,57
03/09	1	Stroh	20	0,23	SR	1,7:1	68,24	1,84	37	57	133,88	230,63	287,48	80,30
03/09	2	Typha	20	0,23	SR	1,7:1	68,24	1,84	37	58	113,01	194,84	287,48	67,78
03/09	3	T. ferm.	20	0,23	SR	1,7:1	68,24	1,84	37	61	146,30	252,25	287,48	87,74
03/09	4	-	-	-	SR	1,7:1	66,12	1,79	37	59	124,74	221,95	292,23	75,95
05/09	1	Stroh	20	0,23	SR	1,4:1	58,82	1,41	42	60	130,26	260,53	293,58	88,74
05/09	2	Typha	20	0,23	SR	1,4:1	58,82	1,41	42	60	127,20	254,41	293,58	86,66
05/09	3	T. ferm.	20	0,23	SR	1,4:1	58,82	1,41	42	59	134,94	269,88	293,58	91,92
05/09	4	-	-	-	SR	1,4:1	56,71	1,36	42	58	107,98	224,02	299,39	74,82
07/09	1	Typha	20	0,23	SR	2,0:1	74,12	1,62	46	53	79,39	126,02	296,88	42,45
07/09	2	-	-	-	SR	2,0:1	72,00	1,57	46	24	16,30	26,63	301,56	8,83
07/09	3	Typha	20	0,23	JO	2,2:1	76,47	1,67	46	30	31,58	48,58	297,83	16,31
07/09	4	-	-	-	JO	2,2:1	74,35	1,62	46	18	13,76	21,77	302,37	7,20
09/09	1	-	-	-	SR	1,0:0	44,99	2,08	22	61	92,53	228,53	213,46	107,06
09/09	2	Typha	20	0,22	SR	1,0:0	46,99	2,17	22	59	83,29	196,93	210,26	93,66
09/09	3	-	-	-	JO	1,0:0	42,50	1,96	22	57	65,38	170,95	199,04	85,89
09/09	4	Typha	20	0,22	JO	1,0:0	44,50	2,05	22	58	64,55	161,17	196,31	82,10
02/10	1	-	-	-	SR	0,5:1	71,18	1,35	53	58	156,35	258,43	216,56	119,34
02/10	2	Stroh	50	0,57	SR	0,5:1	76,47	1,45	53	58	163,82	252,04	211,19	119,34
02/10	3	-	-	-	SR	1,0:1	95,88	1,82	53	44	88,46	108,53	281,41	38,57
02/10	4	Stroh	50	0,57	SR	1,0:1	101,18	1,92	53	57	191,05	222,16	273,92	81,10
05/10	1	-	-	-	M	1,0:0	49,21	0,78	63	54	79,16	189,25	118,58	159,60
05/10	2	Stroh	50	0,56	M	1,0:0	54,51	0,87	63	55	91,53	197,54	120,53	163,90
05/10	3	-	-	-	M	1,0:0	63,80	1,02	63	56	140,71	259,46	162,82	159,35
05/10	4	Stroh	50	0,53	M	1,0:0	69,11	1,10	63	56	128,11	218,09	160,96	135,49

77

3.2.1.1 Einzelauswertung
Batch-Fermentation 12/08

Tab. 10: Prozesskennzahlen und Methanerträge des Durchlaufs 12/08; *aufgebaste Speisereste, grau: unzuverlässige Gasmengenmessung.

Lauf	Nr.	Struktur [g] und [%]- Gesamtmasse	Misch- verhältnis zu Altbrot [oTS]:[oTS]	Gesamt- input [kg oTS m⁻³]	Raum- belastung [kg oTS m⁻³d⁻¹]	Dauer [d]	oTS Abbau [%]	Ø-C [%]	Ø-N [%]	Gärrest Ø-CH₄ [%]	[Nl]	[Nl kg⁻¹ oTS]	Methan nach Bilanzierung E [Nl]	C [Nl]
12/08	1	Typha 45 0,43	SR 0,9:1	77,12	1,98	39	k.A.	k.A	k.A	61	32,36	41,96	k.A.	k.A.
12/08	*2	Typha 45 0,43	SR 0,9:1	77,12	1,98	39	k.A.	k.A	k.A	67	222,19	288,12	k.A.	k.A.
12/08	3	- - -	SR 0,9:1	73,06	1,87	39	k.A.	k.A	k.A	67	190,91	261,31	k.A.	k.A.
12/08	*4	- - -	SR 0,9:1	73,06	1,87	39	k.A.	k.A	k.A	68	156,59	214,33	k.A.	k.A.

Je Fermenter	Menge	TS [%]	oTS [%]	Ø-C [%]	Ø-N [%]	Ø-C/N	pH	FOS/TAC	Ø-Energiegehalt [J g⁻¹TS]
Inoculum	8,5 L	4,2	61,5	k.A.	k.A.	k.A.	7,8	0,08	k.A.
Speisereste	1,5 L	18,0	91,4	k.A.	k.A.	k.A.	3,5	k.A.	k.A.
Altbrot	276 g	100,0	96,4	k.A.	k.A.	k.A.	k.A.	k.A.	k.A.

In diesem Lauf wurde jedem Fermenterinoculum 1,5 L Speisereste (18,0 % TS und 91,4 % oTS) sowie 276 g Altbrot (100 % TS und 96,4 % oTS) in einem Mischungsverhältnis von 0,9:1 zugeführt. Die Speisereste (pH ~ 3,5) wurden vor Zugabe in Fermenter 2 und 4 mit $Ca(OH)_2$ auf ein alkalisches Niveau zwischen 9,5 und 10 angehoben. Als Biofilmträger waren 45 g gehäckselte *Typha*-Blätter in Fermenter 1 und 2 mit 0,43 % an der Gesamtmasse beteiligt. Zu Beginn war die Ausgasung in Fermenter 1 und 3 sehr stark, so dass die Gasmenge von Fermenter 1 (Abb. 48, graue Linie) aufgrund schäumender Zählerflüssigkeit nicht korrekt erfasst werden konnte.

In den ersten 50 Stunden (Abb. 48) zeigte sich bei allen Fermentern ein Peak in der Methanbildung, der aber nur bei dem strukturangereicherten Fermenter 2 gleich im Anschluss in eine stabile Gasproduktion überging. Bei Fermenter 3 und 4 folgte eine Lag-Phase über 400 bzw. 100 Stunden mit nur marginaler Methanbildung. Nachdem die pH-Werte langsam auf 6,8 gestiegen waren, verlief der weitere Anstieg mit Einsetzen der Methanbildung schneller. Nach ca. 400 Stunden waren bei allen Fermenter bis auf Nummer 3 die Substrate ausgegast. Auch Fermenter 1, bei dem die Sperrflüssigkeit zum Ende wieder aufgefüllt wurde, zeigte, ähnlich wie Fermenter 2 und 4, einen nur noch geringen Methanertrag. Die Methanbildung setzte im Fermenter 3 aufgrund der langen Lag-Phase erst verzögert ein und wurde um Stunde 700 durch den Ausfall der Fermenterheizung nur kurz unterbrochen.

Die pH-Werte in den biofilmangereicherten Fermentern 1 und 2 waren über den Versuchszeitraum fast identisch, unabhängig vom pH-Wert der Speisereste. Der pH-Wert in Fermenter 4 war in dem Zeitraum ohne Methanbildung etwas geringer als in Fermenter 2, obwohl die Speisereste dort ebenfalls behandelt wurden. Fermenter 3, ohne Strukturoberflächen und mit sauren Speiseresten, zeigte die geringsten pH-Werte. Erst zwischen Stunde 400 und 600 stieg der pH-Wert dort sehr schnell an, bis er über dem der anderen Fermenter lag. Der strukturangereicherte Fermenter 2 bildete mit 222,19 Nl bzw. 288,12 Nl kg^{-1} oTS am meisten Methan.

Für diesen Durchlauf wurden nicht bestimmt: oTS-Abbau, C- und N-Gehalt, Energiegehalt, Methanertrag nach Energie- und Kohlenstoffbilanz, pCO_2, flüchtige organische Verbindungen und FOS/TAC.

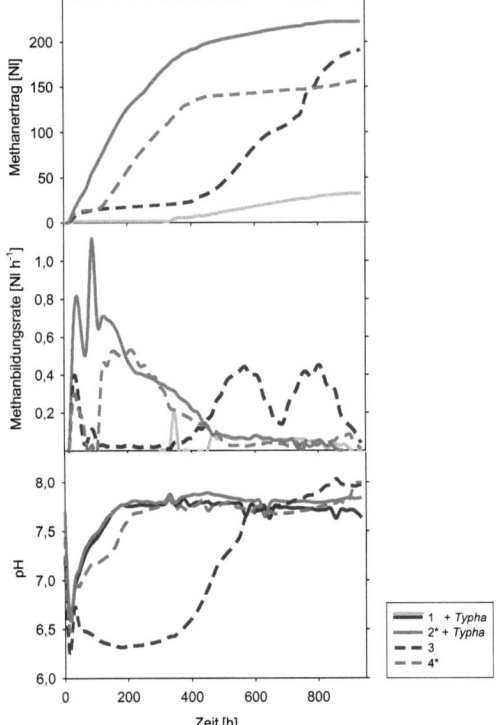

Abb. 48: Prozessparameter der Batch-Fermentation 12/08;
Der pCO_2 wurde nicht erfasst;
grau: unzuverlässige Gasmengenmessung bei Fermenter 1
*pH-Wert der Speisereste auf 9,5-10 angehoben.

Batch-Fermentation 03/09

Tab. 11: Prozesskennzahlen und Methanerträge des Durchlaufs 03/09
grau: unzuverlässige Gasmengenmessung.

Lauf	Nr.	Struktur [g] und Gesamtmasse	Mischverhältnis zu Altbrot [%]- [oTS]:[oTS]	Gesamtinput [kg oTS m⁻³]	Raumbelastung [kg oTS m⁻³d⁻¹]	Dauer [d]	oTS Abbau [%]	Ø-C [%]	Ø-N [%]	Gärrest Ø-CH₄ [%]	[Nl]	Methan [Nl kg⁻¹ oTS]	nach Bilanzierung E [Nl]	C [Nl]
03/09	1	Stroh 20 0,23	SR 1,7:1	68,24	1,84	37	64,3	35,5	4,6	57	133,88	230,83	198,67	174,77
03/09	2	Typha 20 0,23	SR 1,7:1	68,24	1,84	37	66,0	34,8	4,5	58	113,01	194,84		
03/09	3	T.ferm 20 0,23	SR 1,7:1	68,24	1,84	37	64,9	34,9	4,5	61	146,30	252,23	202,58	191,20
03/09	4	- - -	SR 1,7:1	66,12	1,79	37	63,4	35,3	4,6	59	124,74	221,95	199,16	181,76

Je Fermenter	Menge	TS [%]	oTS [%]	Ø-C [%]	Ø-N [%]	Ø-C/N	pH	FOS/TAC	Ø-Energiegehalt [J g⁻¹TS]
Inoculum	7,225 L	3,8	63,5	34,4	4,8	7,1:1	7,9	0,07	14891
Speisereste	1,275 L	20,8	92,0	53,1	4,5	11,7:1	3,9	k.A.	23896
Altbrot	150 g	100,0	97,5	45,7	2,3	20,3:1	k.A.	k.A.	18626

In diesem Lauf wurde zum Inoculum je 1,275 L Speisereste (pH 3,9, 20,8 % TS und 92,0 % oTS) und 150 g Altbrot (100 % TS und 97,5 % oTS) in einem Mischungsverhältnis von 1,7:1 zugegeben, was einem geringerem Gesamtinput um 9,5 % gegenüber 12/08 entspricht. Als Biofilmträger wurden jeweils 20 g gehäckselte pflanzliche Strukturen (0,23 % der Gesamtmasse) eingesetzt. Während die gehäckselten Strohhalme und *Typha*-Blätter als Biofilmträger in Fermenter 1 und 2 in getrocknetem Zustand dazugegeben wurden, waren die *Typha*-Blätter für Fermenter 3 zuvor über einen Zeitraum von drei Wochen in aktivem Inoculum bei 38 °C inkubiert worden. Die Gasmenge von Fermenter 2 wurde aufgrund der undichten Durchführung des Sauerstoff-Sensors im Fermenterdeckel ab Stunde 550 nicht mehr exakt gemessen (grau eingefärbt in der Abb. 49).

Wie in Abbildung 49 dargestellt war wiederum in den ersten 50 Stunden bei allen Fermentern ein sehr hoher und kurzer Anstieg in der Methanbildung (bis 0,5 Nl h⁻¹) zu messen. Im Anschluss folgte eine Lag-Phase über 200 h bei

Fermenter 1-3 und über 300 h bei Fermenter 4, mit pH-Werten um 7,0 bei geringer Methanbildung (~ 0,05 Nl h^{-1}). Die Essigsäurebelastung war mit über 18.000 mg L^{-1} nach bereits 100 h in der Mitte der Lag-Phase sehr hoch, wobei die FOS/TAC-Werte bis zur Stunde 300 über die Lag-Phase hinaus anstiegen (ca. 0,6 bei Nr. 1-3 und 0,75 bei Nr. 4). Nachdem die Säureproduktion zum Stillstand kam, nahm die Methanbildung ab pH-Werten von 7,2 bis zur Stunde 500 auf fast 0,3 Nl h^{-1}, unter Abbau der Säuren und Wiederherstellung der Pufferkapazität, zu. Als ein stabiler pH-Wert von etwa 7,8 erreicht wurde, nahm die Methanbildung bei einem FOS/TAC-Wert um 0,3 wieder ab. Die Kontrolle (Fermenter 4) zeigte bei etwas geringerem pH-Wert einen langsameren Essigsäureabbau und eine niedrigere Methanproduktion (~ 0,2 Nl h^{-1}). Die Pufferbelastung war in der Kontrolle höher und nahm auch langsamer ab als in den strukturreichen Fermentern. Ab Stunde 600 waren die pH-Werte in allen vier Fermentern bei etwa 7,8 konstant und die FOS/TAC-Werte reduzierten sich bis zum Versuchsende auf 0,1 mit Essigsäurekonzentrationen unter 2.500 mg L^{-1}. In Fermenter 3 war die Konzentration des gelösten Kohlenstoffdioxids (pCO$_2$) während der Lag-Phase in den ersten 200 h außerhalb des Messbereichs von 250 hPa. Bei einsetzender Methanbildung zeigten die Konzentrationen von Essigsäure und CO$_2$ in Fermenter 3 eine ähnliche Abnahme. Als die Steigerung der Methanproduktion um Stunde 400 nachließ, wurde auch der Rückgang der Essigsäure und des pCO$_2$ langsamer. Nachdem um Stunde 500 ein konstanter pCO$_2$- Level um 30-40 hPa vorlag, war unter rückläufiger Methanproduktion auch der pH-Wert bei 7,8 stabil.

Bezogen auf den pH-Wert lag der in Fermenter 3 gemessene pCO$_2$ über dem theoretischen pCO$_2$ nach Henderson-Hasselbalch (6) (Abb.50).

Die Konzentrationen der flüchtigen organischen Verbindungen stiegen in allen vier Fermentern innerhalb der ersten 100 h sehr steil an (Abb. 51). Während die Essigsäure Werte weit über 18.000 mg L^{-1} erreichte, akkumulierten die Propion- und Buttersäure auch schnell auf Werte zwischen 3.000-4.000 mg L^{-1}. Spuren von Ethanol und Aceton waren ebenfalls zu finden. Bei einsetzender Methanbildung wurden die Säuren in den strukturreichen Fermentern etwas schneller als in der Kontrolle abgebaut. Gegen Ende waren in allen Fermentern geringe Säurekonzentrationen von unter 2.500 mg L^{-1} gemessen worden.

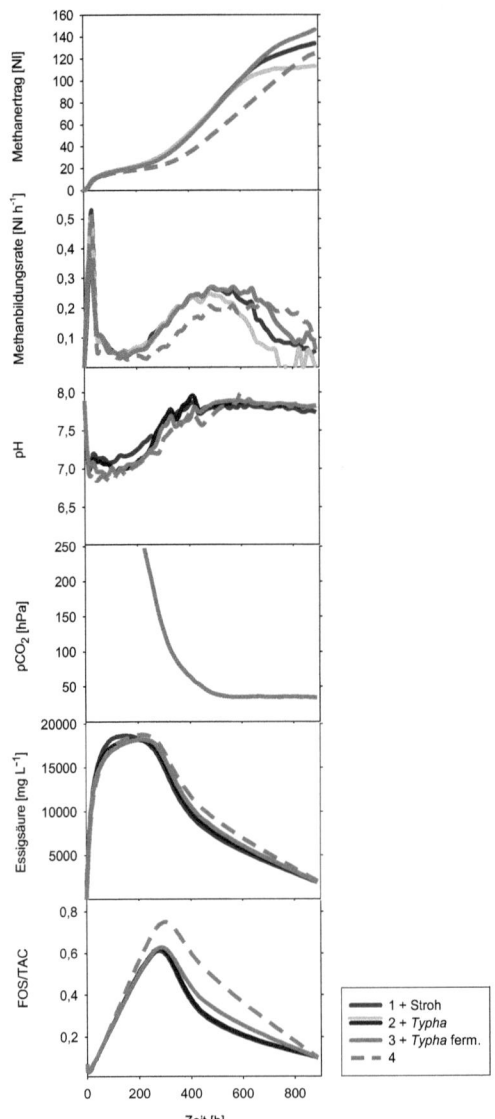

Abb. 49: Prozessparameter der Batch-Fermentation 03/09; Der pCO_2 wurde nur in Fermenter 3 erfasst; grau: unzuverlässige Gasmengenmessung bei Fermenter 2.

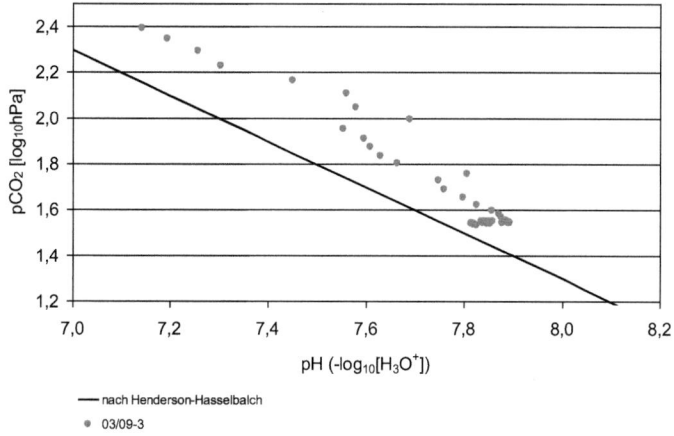

Abb. 50: Doppelt logarithmische Darstellung, pCO_2 von Fermenter 3 in Bezug auf den pH-Wert; Schwarze Linie: pCO_2 nach Henderson-Hasselbalch.

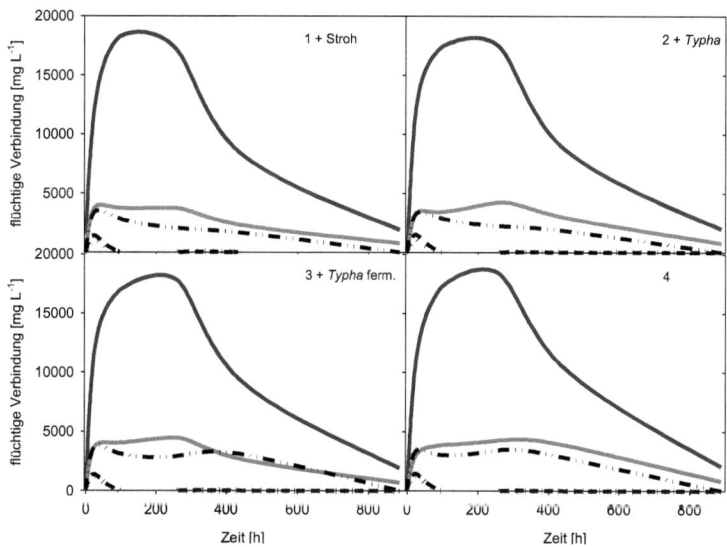

Abb. 51: Konzentrationen der flüchtigen organischen Verbindungen in den Fermentern 1-4 während der Batch-Fermentation 03/09.

Die Fermenter mit Strukturbiomasse (außer Fermenter 2) hatten am Ende der Fermentationszeit mit 230,83 Nl kg^{-1} oTS bzw. 252,23 Nl kg^{-1} oTS genau 4,0 % und 13,8 % mehr Methan produziert als die Kontrolle (Fermenter 4) ohne Biofilmträger.

Nach der Kohlenstoffbilanz hätten 40-60 Nl und nach der energetischen Berechnung 60-80 Nl mehr an Methan gebildet werden müssen. Diese Differenz fiel bei den strukturreichen Fermentern deutlich geringer aus als bei der Kontrolle.

Batch-Fermentation 05/09

Tab. 12: Prozesskennzahlen und Methanerträge des Durchlaufs 05/09.

Lauf	Nr.	Struktur [g] und [%]- Gesamtmasse		Misch-verhältnis zu Altbrot [oTS]:[oTS]	Gesamt-input [kg oTS m^{-3}]	Raum-belastung [kg oTS m^{-3}d^{-1}]	Dauer [d]	Gärrest			Methan				nach Bilanzierung	
								oTS Abbau [%]	Ø-C [%]	Ø-N [%]	Ø-CH$_4$ [%]	[Nl]	[Nl kg^{-1} oTS]	E [Nl]	C [Nl]
05/09	1	Stroh	20 0,23	SR 1,4:1	58,82	1,41	42	61,0	34,1	4,1	60	130,26	260,53	139,43	136,06
05/09	2	Typha	20 0,23	SR 1,4:1	58,82	1,41	42	61,4	33,0	4,1	60	127,20	254,41	145,52	141,39
05/09	3	T.ferm	20 0,23	SR 1,4:1	58,82	1,41	42	59,6	34,2	4,2	59	134,94	269,88	135,45	130,08
05/09	4	-	- -	SR 1,4:1	56,71	1,36	42	59,4	33,7	4,2	58	107,98	224,02	141,20	133,60

Je Fermenter	Menge	TS [%]	oTS [%]	Ø-C [%]	Ø-N [%]	Ø-C/N	pH	FOS/TAC	Ø-Energiegehalt [J g^{-1}TS]
Inoculum	7,225 L	3,3	58,3	33,2	4,2	7,9:1	8,3	0,08	14039
Speisereste	1,275 L	17,0	91,7	49,1	3,0	16,1:1	3,8	k.A.	21397
Altbrot	150 g	100,0	97,5	45,7	2,3	20,3:1	k.A.	k.A.	18643

Dieser Lauf entsprach der vorhergehenden Batch-Fermentation 03/09 bei 14,2 % geringerem oTS-Gesamtinput und verlängerter Laufzeit. Obwohl genau die gleichen Mengen Speisereste (1,275 L, pH 3,8, 17,0 % TS und 91,7 % oTS) und Altbrot (150 g, 100 % TS und 97,5 % oTS) zugegeben wurden, war das Säurebildungspotential der Speisereste aufgrund von geringerem TS-Gehalt kleiner, wodurch sich das Mischungsverhältnis auf 1,4:1 reduzierte. Der Einsatz von Biofilmträgern erfolgte analog zu 03/09.

Der anfängliche Peak in der Methanbildung war im Vergleich zum letzten Lauf nicht so hoch (bis 0,3 Nl h^{-1}), wobei die anschließende Lag-Phase fast genauso lang dauerte und in allen vier Fermentern mit einer Methanbildungsrate von unter 0,05 Nl h^{-1} identisch war (Abb. 52). Die durchschnittliche Methankonzentration lag ebenfalls relativ hoch bei 60 %. Der pH-Wert war während der Lag-Phase zwischen 6,8 und 7,0, wobei die strukturreichen Fermenter niedrigere pH-Werte bei höheren Säurekonzentrationen (> 18.000 mg L^{-1}) und FOS/TAC-Werten (bis 0,9) hatten als die Kontrolle (> 16.000 mg L^{-1} bzw. 0,8). Als um Stunde 200 die Lag-Phase zu Ende war, stiegen die Methanbildungsraten zusammen mit den pH-Werten bis zur Stunde 500 auf durchschnittliche 0,25 Nl h^{-1} bzw. pH 7,8 an, während die Säurekonzentrationen, die Kohlenstoffdioxidpartialdrücke und FOS/TAC-Werte auf niedrige Level (~ 5.000 mg L^{-1}, 30-40 hPa und 0,3) sanken. In der Kontrolle waren der Essigsäureabbau, die Methanbildung sowie der finale pH-Wert mit 7,7 etwas geringer. Am Ende der Fermentation nach etwa 1000 h war das Inputmaterial in allen Fermentern bei niedrigen FOS/TAC-Werten von unter 0,1 und Essigsäurekonzentrationen von unter 100 mg L^{-1} bei geringen Methanbildungsraten um 0,05 Nl h^{-1} ausgegoren. Bis auf den pH-Bereich zwischen 7,7 und 7,9, lagen die gemessenen Kohlenstoffdioxidpartialdrücke über dem theoretischen pCO_2 nach Henderson-Hasselbalch (6) (Abb.53).

Bei vergleichender Betrachtung der Säuremuster stiegen die Essigsäurekonzentrationen in den ersten 150 h bis zu den höchsten Werten um 19.000 mg L^{-1} bei Fermenter 1 und 2 und bis etwa 17.000 mg L^{-1} bei Fermenter 3 und 4 an (Abb. 54). Die Buttersäure akkumulierte überall auf etwa 4.000 mg L^{-1} während die Propionsäure unter 2.000 mg L^{-1} blieb. Wiederum waren geringe Mengen an Ethanol und Aceton nachweisbar. Bei steigender Methanbildung setzte auch der Säureabbau ein, der sich bei sinkender Methanbildung wieder verlangsamte. Bis auf die Propionsäure, deren Konzentration bis zum Versuchsende marginal anstieg, konnten alle anderen Verbindungen bis zur Nachweisgrenze abgebaut werden.

Die Fermenter 1-3 mit Strukturbiomasse erreichten am Ende der Fermentationszeit mit 260,53 Nl kg^{-1} oTS, 254,41 Nl kg^{-1} oTS und 269,88 Nl kg^{-1} oTS etwa 16,3 %, 13,6 % und 20,5 % mehr Methan als die Kontrolle (Fermenter 4) ohne Biofilmträger.

Fermenter 3 mit vorfermentierter *Typha*, der am meisten Methan produzierte, hatte nach Energie- und Kohlenstoffbilanz den geringsten Ertrag. Daraus ergaben sich nur minimale Differenzen zwischen den theoretischen Erträgen und der praktischen Ausbeute. Wiederum war bei der Kontrolle die Differenz zwischen bilanziertem und gemessenem Ertrag größer als bei den Fermentern mit Biofilmträgern.

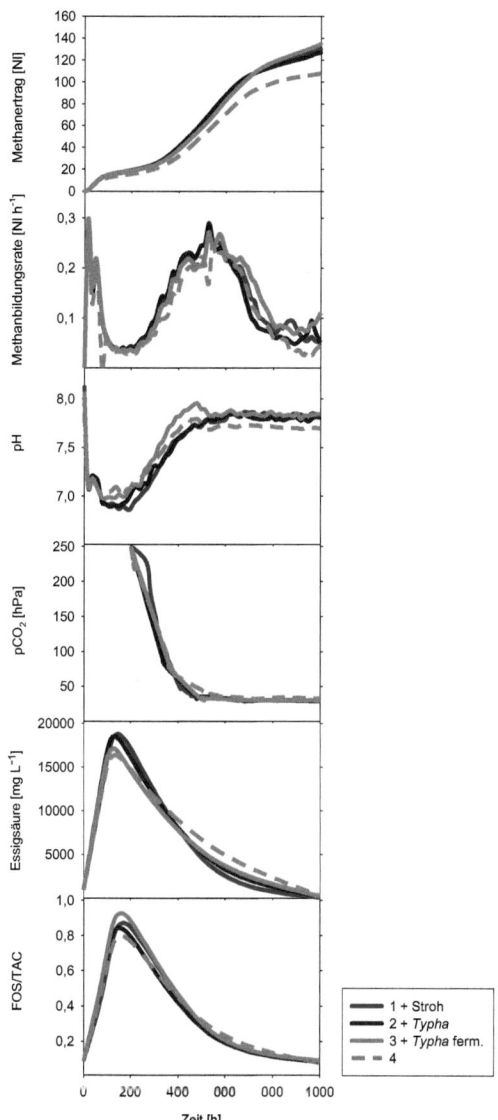

Abb. 52: Prozessparameter der Batch-Fermentation 05/09.

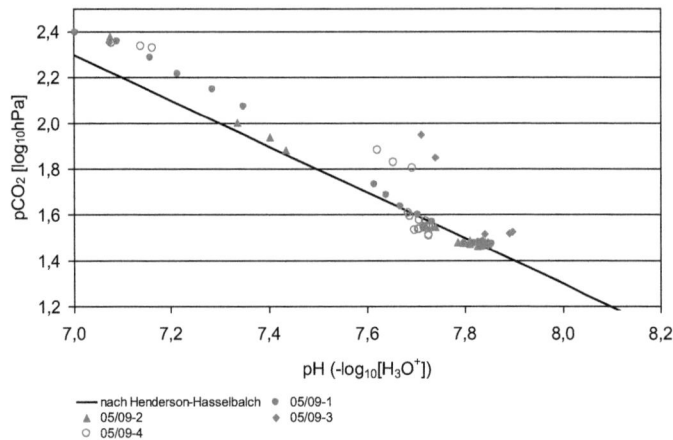

Abb. 53: Doppelt logarithmische Darstellung, pCO_2 aller 4 Fermenter in Bezug auf den pH-Wert; Schwarze Linie: pCO_2 nach Henderson-Hasselbalch.

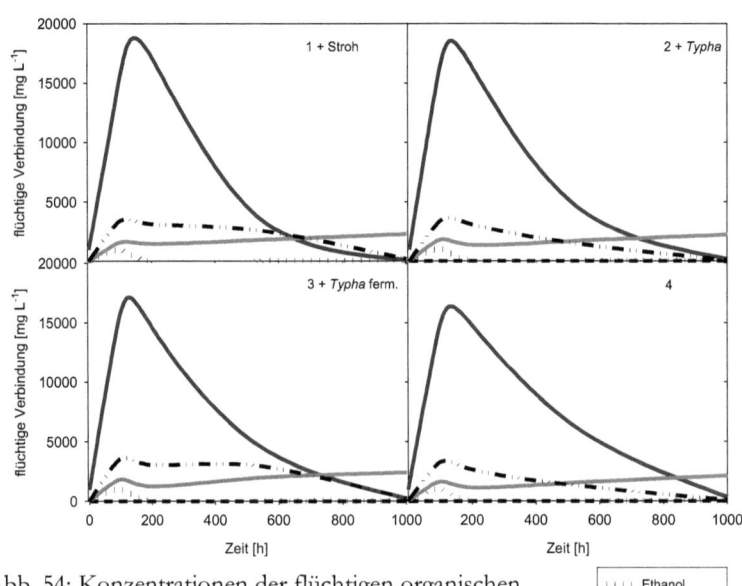

Abb. 54: Konzentrationen der flüchtigen organischen Verbindungen in den Fermentern 1-4 während der Batch-Fermentation 05/09.

Batch-Fermentation 07/09

Tab. 13: Prozesskennzahlen und Methanerträge des Durchlaufs 07/09.

Lauf	Nr.	Struktur [g] und [%]-Gesamtmasse			Misch-verhältnis zu Altbrot [oTS]:[oTS]	Gesamt-input [kg oTS m⁻³]	Raum-belastung [kg oTS m⁻³d⁻¹]	Dauer [d]	Gärrest				Methan			nach Bilanzierung	
									oTS Abbau [%]	Ø-C [%]	Ø-N [%]	Ø-CH₄ [%]	[Nl]	[Nl kg⁻¹ oTS]	E [Nl]	C [Nl]
07/09	1	Typha	20	0,23	SR	2,0:1	74,12	1,62	46	68,2	31,7	3,8	53	79,39	126,02	-	-
07/09	2	-	-	-	SR	2,0:1	72,00	1,57	46	49,0	35,4	4,6	24	16,30	26,63	-	-
07/09	3	Typha	20	0,23	JO	2,2:1	76,47	1,67	46	62,5	33,7	2,8	30	31,58	48,58	-	-
07/09	4	-	-	-	JO	2,2:1	74,35	1,62	46	53,6	34,9	2,7	18	13,76	21,77	-	-

Je Fermenter	Menge	TS [%]	oTS [%]	Ø-C [%]	Ø-N [%]	Ø-C/N	pH	FOS/TAC	Ø-Energiegehalt [J g⁻¹TS]
Inoculum	7,0 L	4,2	58,8	25,2	7,5	3,4:1	8,9	0,08	12101
Speisereste	1,5 L	21,2	92,0	51,4	3,2	16,2:1	3,9	k.A.	22193
Joghurt	1,5 L	22,1	95,1	45,7	2,4	18,9:1	4,2	k.A.	19231
Altbrot	150 g	100,0	96,1	45,8	2,1	22,3:1	k.A.	k.A.	18682

In dieser Batch-Fermentation wurde der Gesamtinput an organischer Substanz um 27 % (bei SR) bzw. 31 % (bei JO) gegenüber 05/09 erhöht, um die Prozessstabilität bei sehr hoher organischer Belastung zu testen. In den ersten beiden Fermentern wurden 1,5 L Speisereste (pH 3,9, 21,2 % TS und 92,0 % oTS) und in den letzten beiden 1,5 L Joghurt (pH 4,2, 22,1 % TS und 95,1 % oTS) zusammen mit je 150 g Altbrot (100 % TS und 96,1 % oTS) im Verhältnis von 2:1 bzw. 2,2:1 zum Inoculum gegeben. In Fermenter 1 und 3 wurden je 20 g gehäckselte *Typha*-Blätter (~ 0,23 % der Gesamtmasse) als Strukturbiomasse eingesetzt. Beim Ansetzen der Batch-Fermentation traten sehr starke Ausgasungen auf, weshalb die Fermenter nicht sofort geschlossen wurden und ein möglicher Peak in der Methanbildungsrate zu Beginn somit nicht erfasst werden konnte.

Aufgrund des sehr hohen Inputs an organischer Trockensubstanz mit großem Säureanteil, sank der pH-Wert sofort auf Werte zwischen 7,0 und 6,7 ab und hielt sich für etwa 100 h unter Rückgang der Pufferkapazität in diesem Bereich (Abb. 55). Als die Pufferkapazität aufgrund massiver Säurebildung nach über 100 h erschöpft war (FOS/TAC-Werte: 0,8 und Essigsäurekonzentrationen: ~ 15.000 mg L^{-1}) sanken die pH-Werte weiter rapide ab. Der darauf folgende Anstieg in der Methanbildungsrate war auf den massiven Austritt gelöster Gase aus dem flüssigen Fermenterinhalt zurückzuführen. Nach 200 h war mit FOS/TAC-Werten von ≥ 1,4 unter sehr hohen Säurekonzentrationen und pH-Werten von 6,2 bis 5,7 keine Methanbildung mehr zu messen. Um Stunde 300 wurde bei allen Fermentern der pH-Wert mit $Ca(OH)_2$ auf ≥ 6,8 angehoben. Die Essigsäurekonzentrationen stiegen auf Werte knapp unter 25.000 mg L^{-1} weiter an. Mit einer zeitlichen Verzögerung setzte in dem biofilmreichen Fermenter 1 nach 650 h die Methanbildung ein, wodurch der pCO_2 schnell von über 250 hPa nach nur 300 h auf stabile 30-40 hPa sank und der pH-Wert von 7,0 auf 7,8 anstieg. Am Ende wurde eine Methanbildungsrate von etwa 0,28 Nl h^{-1} bei einer Essigsäurekonzentration unter 15.000 mg L^{-1} und einem FOS/TAC von nur 0,2 gemessen. Die hohe Methanbildungsrate entspricht den in den vorgegangenen Versuchsfermentationen gemessenen Werten. In Fermenter 3 und 4 fand um Stunde 600 eine erneute Säurebildung mit Absinken des pH-Wertes unter 6,8 statt, woraufhin durch Ausgasung geringe Mengen Methan detektiert wurden. Daher wurde um Stunde 800 bei Fermenter 3 und 4 mit $NaHCO_3$ der pH-Wert erneut auf ≥ 6,8 angehoben. Daraufhin setzte bei Fermenter 3 um Stunde 850 die Methanbildung ein und stieg bis zum Ende des Versuches bei einem pH-Wert von über 7,6, einer Essigsäurekonzentration unter 20.000 mg L^{-1} und einem FOS/TAC von 0,5 auf 0,16 Nl h^{-1} an. In den Fermentern ohne Strukturoberflächen, in denen der pH-Wert stets niedriger war als in den strukturangereicherten Fermentern, blieb die Methanbildung bis kurz vor Ende des Versuches bei pH-Werten um 7,1 und FOS/TAC-Werten > 0,6 aus. Die gemessenen Kohlenstoffdioxidpartialdrücke in Fermenter 1 lagen stets über denen nach Henderson-Hasselbalch (6) (Abb.56).

Die während des Fermentationsprozesses in allen Fermentern erreichten hohen Säurekonzentrationen (Abb. 57) wurden lediglich bei der Essigsäure zum Ende hin leicht reduziert. Die Propionsäure und Buttersäure wurden nicht abgebaut und blieben auf hohen Werten von $\geq$ 2.500 mg L^{-1} bzw. $\geq$ 5.000 mg L^{-1}. Aceton und Ethanol konnten in Fermentern 1 und 2 im ersten Versuchsdrittel und in Fermenter 3 und 4 bis über die Hälfte der Versuchsdauer nachgewiesen werden.

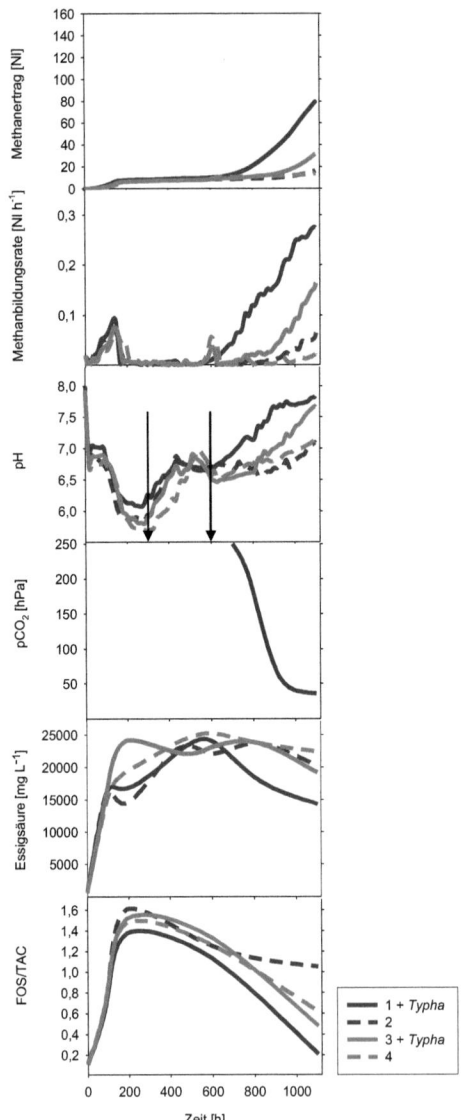

Abb. 55: Prozessparameter der Batch-Fermentation 07/09; Der pCO$_2$ wurde nur in Fermenter 1 erfasst; Die Pfeile markieren die Zeitpunkte der pH-Stabilisierung.

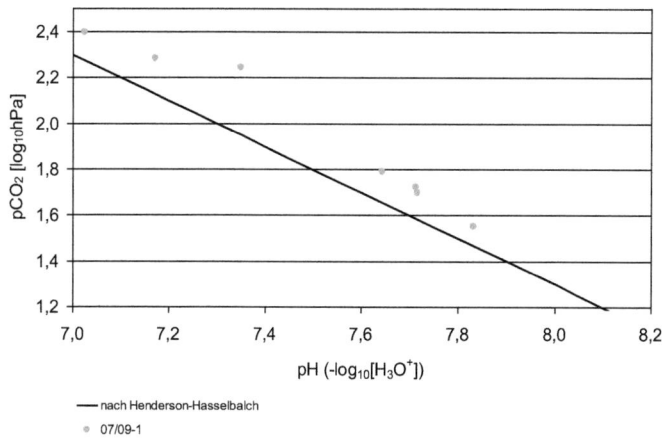

Abb. 56: Doppelt logarithmische Darstellung, pCO_2 von Fermenter 1 in Bezug auf den pH-Wert; Schwarze Linie: pCO_2 nach Henderson-Hasselbalch.

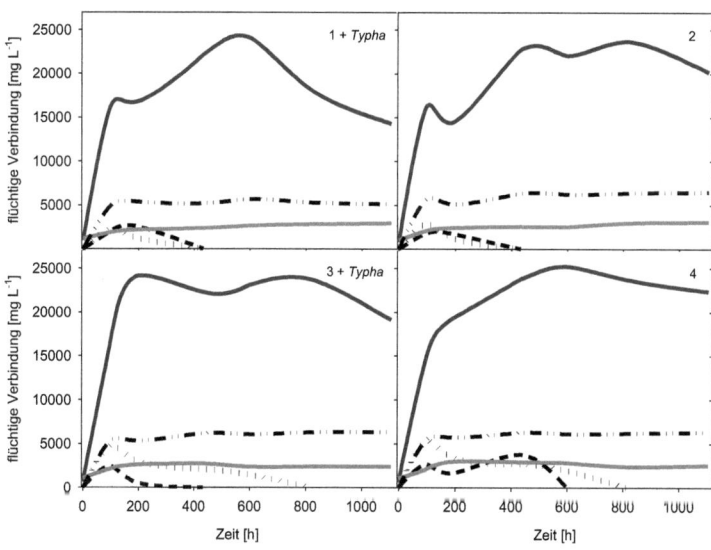

Abb. 57: Konzentrationen der flüchtigen organischen Verbindungen in den Fermentern 1-4 während der Batch-Fermentation 07/09.

Keiner der Fermenter erreichte am Ende der Fermentationszeit hohe Ausbeuten, jedoch war es den Fermentern mit zusätzlichen Biofilmträgern bei einmaliger Stabilisierung des pH-Wertes möglich, die Methanbildung wieder aufzunehmen. Für diesen Durchlauf wurde keine Methanertragsrechnung nach Energie- bzw. Kohlenstoffbilanzierung durchgeführt, da die TS-Gehalte durch die Aufbasung des Fermenterinhaltes mit anorganischen Salzen verändert wurden.

Batch-Fermentation 09/09

Tab. 14: Prozesskennzahlen und Methanerträge des Durchlaufs 09/09.

Lauf	Nr.	Struktur [g] und [%]- Gesamtmasse	Misch- verhältnis zu Altbrot [oTS]:[oTS]	Gesamt- input [kg oTS m⁻³]	Raum- belastung [kg oTS m⁻³d⁻¹]	Dauer [d]	Gärrest oTS Abbau [%]	Ø-C [%]	Ø-N [%]	Ø-CH₄ [%]	[Nl]	[Nl kg⁻¹ oTS]	Methan nach Bilanzierung E [Nl]	C [Nl]
09/09	1	- - -	SR 1,0:0	44,99	2,08	22	46,6	33,1	4,0	61	92,53	228,53	95,87	90,39
09/09	2	Typha 20 0,22	SR 1,0:0	46,99	2,17	22	48,4	33,5	4,1	59	83,29	196,93	102,79	91,25
09/09	3	- - -	JO 1,0:0	42,50	1,96	22	46,0	33,3	4,1	57	65,38	170,95	86,13	80,48
09/09	4	Typha 20 0,22	JO 1,0:0	44,50	2,05	22	49,5	33,0	4,2	58	64,55	161,17	88,06	84,74

Je Fermenter	Menge	TS [%]	oTS [%]	Ø-C [%]	Ø-N [%]	Ø-C/N	pH	FOS/TAC	Ø-Energiegehalt [J g⁻¹TS]
Inoculum	7,5 L	4,1	62,9	33,9	4,1	8,3:1	8,2	0,03	14286
Speisereste	1,5 L	15,7	90,0	49,4	3,4	14,5:1	4,0	k.A.	21793
Joghurt	1,5 L	13,2	95,5	48,7	2,9	16,7:1	4,3	k.A.	20430

In dieser Batch-Fermentation wurde der Gesamtinput an organischer Substanz gegenüber 07/09 um 31,8 % (bei SR) bzw. um 38,4 % (bei JO) verringert. In den ersten beiden Fermentern wurden 1,5 L Speisereste (pH: 4,0, 15,7 % TS und 90,0 % oTS) und in den letzten beiden 1,5 L Joghurt (pH: 4,3, 13,2 % TS - eingestellt und 95,5 % oTS) als einziges Substrat eingesetzt. Diesmal kamen 20 % (v/v) saures Inputmaterial auf pufferndes Inoculum. In Fermenter 2 und 4 wurden je 20 g gehäckselte Typha-Blätter (~ 0,22 % der Gesamtmasse) als Strukturbiomasse eingesetzt. Mit dem

Inoculum (4,6 % TS; 65,5 % oTS; pH: 7,9; FOS/TAC: 0,04) wurde im Vorfeld über eine Woche das Restgaspotential ermittelt (siehe Kapitel 2.1 Tab. 3). Bei Substratzugabe hatte das Inoculum noch 4,1 % TS mit 62,9 % organischen Anteil bei einem pH von 8,2 und einem FOS/TAC von 0,03.

In den jeweiligen Fermentern ergab sich aufgrund verschiedener Inputsubstrate auch ein anderer Fermentationsverlauf (Abb. 58). In Fermenter 1 und 2 war mit dem ersten Peak in der Methanproduktion (~ 0,35 Nl h^{-1}) nach 30 Stunden auch der pH-Wert auf 7,3 und der pCO$_2$ im Fermenter 1 auf 100 hPa gefallen. Die Essigsäurekonzentration und Pufferbelastung begann in beiden Fermentern steil anzusteigen. Gleich im Anschluss ging bis Stunde 50 die Methanbildungsrate bei pH-Werten zwischen 7,3-7,4 in Fermenter 1 und bei pH 7,5 in Fermenter 2 auf 0,1 Nl h^{-1} bzw. 0,2 Nl h^{-1} zurück. Bis zur Stunde 150 reduzierte sich der pCO$_2$ in Fermenter 1 unter langsam ansteigender Methanbildungsrate auf 75 hPa, wobei der pH-Wert langsam auf 7,6 anstieg. Ab diesem Zeitpunkt reduzierten sich mit ansteigender Methanbildung die Essigsäurekonzentration (> 9.500 mg L^{-1}) und die Pufferbelastung (FOS/TAC=0,3). Als um Stunde 300 eine sehr hohe Methanproduktion von 0,3 Nl h^{-1} bei einem stabilem pH-Wert von 7,9 erreicht wurde, war der pCO$_2$ in Fermenter 1 auf einen stabilen Level zwischen 30-40 hPa gefallen. Am Ende der Fermentationszeit war bei einem FOS/TAC von 0,2 und einer Essigsäurekonzentration von über 2.000 mg L^{-1} die Methanbildungsrate auf 0,05 Nl h^{-1} zurückgegangen. In Fermenter 2 stieg die Methanbildungsrate bis Stunde 100 auf etwa 0,3 Nl h^{-1}. Als zu diesem Zeitpunkt ebenfalls (wie bei Fermenter 1) ein pH-Wert von 7,6 erreicht wurde, verringerte sich die Konzentration der akkumulierten Essigsäure (~ 6.000 mg L^{-1}) ebenso wie die Pufferbelastung (FOS/TAC: 0,22). Fermenter 3 und 4 mit Joghurt zeigten nahezu identische

Fermentationsverläufe. Mit dem ersten Anstieg der Methanbildungsrate bis Stunde 30 auf über 0,35 Nl h^{-1} reduzierte sich der pH in beiden Fermentern. Als dieser einen Wert von 7,3 erreicht hatte, sank um Stunde 50 die Methanbildungsrate kurz um etwa 0,1 Nl h^{-1} ab. Dabei erreichten auch die Essigsäurekonzentrationen und FOS/TAC-Werte ihren höchsten Level von 7.000 mg L^{-1} bzw. von 0,20 (Nr. 4) und 0,22 (Nr. 3). Während bei leicht reduzierter Methanbildung der pH-Wert auf 7,6 zunahm, stieg die Methanbildungsrate ab Stunde 50 an. Zur gleichen Zeit nahmen die Essigsäurekonzentrationen und die FOS/TAC-Werte ab. Nach weiteren 50 h wurde in den beiden Fermentern das meiste Methan mit einer Rate von etwa 0,35 Nl h^{-1} bei einem stabilen pH-Wert von 7,8 gebildet. Als ab Stunde 180 die hohe Methanbildungsrate innerhalb von 20 h rapide auf Werte < 0,05 Nl h^{-1} abfiel, blieben die Essigsäurekonzentrationen von 1.000 mg L^{-1} und die FOS/TAC-Werte von 0,05 auf den bis dahin erreichten niedrigen Werten bis zum Versuchsende.

Während der Vergärung lag der pCO_2 in Fermenter 1 oberhalb des nach Gleichung 6 theoretisch errechneten Kohlenstoffdioxidpartialdrucks (Abb.59).

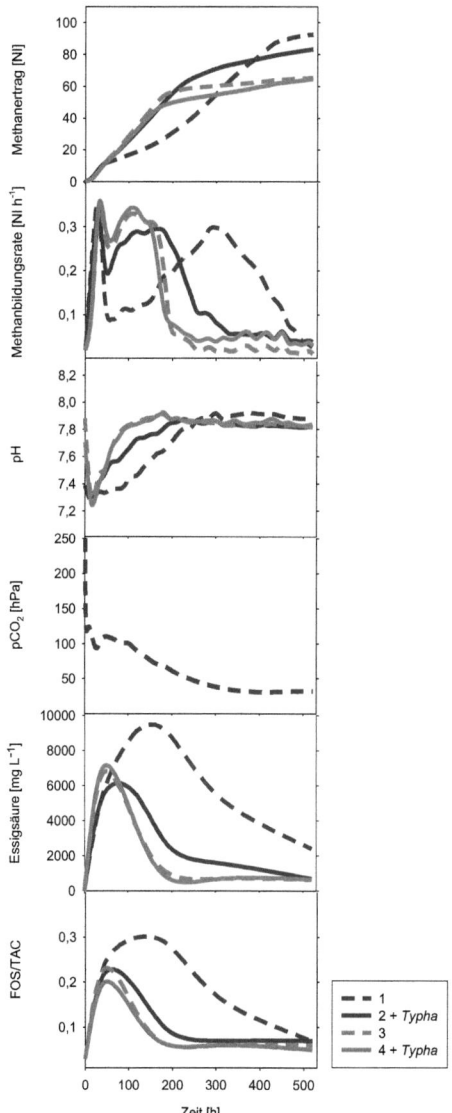

Abb. 58: Prozessparameter der Batch-Fermentation 09/09; Der pCO_2 wurde nur in Fermenter 1 erfasst.

Die Buttersäure akkumulierte bis Stunde 50 bei Fermenter 1 und 2 auf etwa 2.000 mg L^{-1} und auf knapp 700 mg L^{-1} bei Fermenter 3 und 4 und war in allen Fermentern nach Stunde 100 nicht mehr nachzuweisen (Abb. 60). Die Propionsäure hingegen akkumulierte bis zum Versuchsende auf knapp 1500 mg L^{-1} in den joghurtbasierten und auf ~ 2.000 mg L^{-1} in den speiserestebasierten Fermentern. Sowohl die Essigsäure als auch die Propionsäure hatten in den strukturreichen Fermentern etwas niedrigere Werte.

Fermenter 1 erreichte mit Speiseresten ohne zusätzliche Biofilmträger den höchsten Methanertrag von 228,53 Nl kg^{-1} oTS. Fermenter 2 mit *Typha*-Blättern als Strukturmaterial erreichte mit 196,93 Nl kg^{-1} oTS genau 86,2 % des Ertrags der Kontrolle (Fermenter 1). Bei der Vergärung von Joghurt erzielte Fermenter 4 mit Strukturoberflächen 94,3 % des Methanertrags der Kontrolle ohne Strukturmaterial (Fermenter 3). Obwohl in den Kontrollfermentern ohne zugesetzte Oberflächen höhere Methanerträge gemessen wurden, waren die errechneten Ausbeuten kleiner. Dadurch war die Differenz zwischen den errechneten und gemessenen Erträgen geringer als bei den strukturreicheren Fermentern.

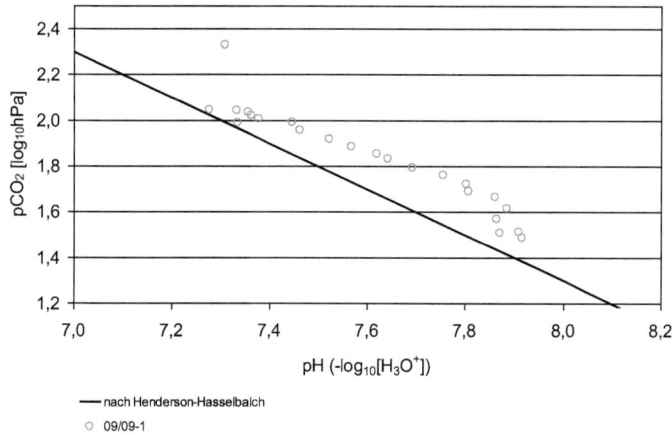

Abb. 59: Doppelt logarithmische Darstellung, pCO_2 von Fermenter 1 in Bezug auf den pH-Wert; Schwarze Linie: pCO_2 nach Henderson-Hasselbalch.

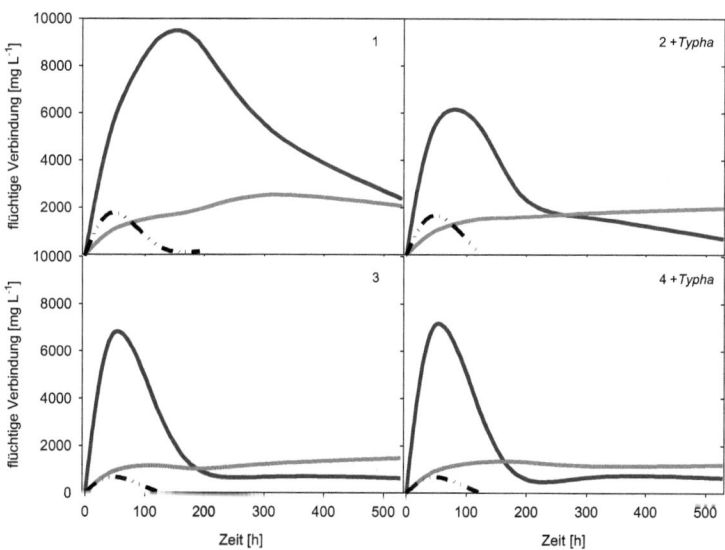

Abb. 60: Konzentrationen der flüchtigen organischen Verbindungen in den Fermentern 1-4 während der Batch-Fermentation 09/09.

Batch-Fermentation 02/10

Tab. 15: Prozesskennzahlen und Methanerträge des Durchlaufs 02/10.

Lauf	Nr.	Struktur [g] und [%]- Gesamtmasse	Mischverhältnis zu Altbrot [oTS]:[oTS]	Gesamtinput [kg oTS m⁻³]	Raumbelastung [kg oTS m⁻³d⁻¹]	Dauer [d]	Gärrest			Methan			nach Bilanzierung	
							oTS Abbau [%]	Ø-C [%]	Ø-N [%]	Ø-CH₄ [%]	[Nl]	[Nl kg⁻¹ oTS]	E [Nl]	C [Nl]
02/10	1	- -	SR	0,5:1	71,18	1,35	53	57,6	35,2	3,6	58	156,35	258,43	175,63	161,27
02/10	2	Stroh 50 0,57	SR	0,5:1	76,47	1,45	53	65,7	33,3	3,8	58	163,82	252,04	196,02	183,81
02/10	3	- -	SR	1,0:1	95,88	1,82	53	50,8	36,2	1,6	44	88,46	108,53	-	-
02/10	4	Stroh 50 0,57	SR	1,0:1	101,18	1,92	53	71,4	34,5	3,7	57	191,05	222,16	290,71	267,06

Je Fermenter	Menge	TS [%]	oTS [%]	Ø-C [%]	Ø-N [%]	Ø-C/N	pH	FOS/TAC	Ø-Energiegehalt [J g⁻¹TS]
Inoculum	7,95/7,00 L	5,3	73,5	37,6	4,0	9,5:1	8,0	0,08	15908
Speisereste	0,55/1,50 L	19,5	92,0	50,0	3,5	14,5:1	3,9	k.A.	21191
Altbrot	205/280 g	100,0	97,0	44,8	1,9	23,1:1	k.A.	k.A.	18262

In den ersten beiden Fermentern wurde der Gesamtinput mit 0,55 L Speiseresten (pH: 3,9, 19,5 % TS und 92,0 % oTS) und 205 g Altbrot (100 % TS und 97 % oTS) um 58 % und in den letzten beiden Fermentern mit 1,5 L Speiseresten (pH: 3,9, 19,5 % TS und 92,0 % oTS) und 280 g Altbrot (100 % TS und 97 % oTS) um 113 % gegenüber 09/09 erhöht. Bei einem SR:AB-Verhältnis der organischen Trockenmassen von 0,5:1 und 1:1 kamen diesmal 7 % bzw. 21,4 % (v/v) saures Inputmaterial auf pufferndes Inoculum. Als Biofilmträger wurden in Fermenter 2 und 4 je 50 g (0,57 % der Gesamtmasse) gehäckseltes, trockenes Stroh zugegeben.

Die Methanbildung zeigte bei allen Fermentern in den ersten 50 Stunden eine Lag-Phase (Abb. 61). In dieser Zeit sank der pH-Wert in den geringer belasteten Fermentern 1 und 2 auf Werte zwischen 7,2 und 7,3 ab, wobei der pCO_2 in Nr. 1 auf etwa 110 hPa fiel. Unter einsetzender Methanbildung begannen die pH-Werte daraufhin wieder anzusteigen. Nach etwa 200 Stunden wurde bei Fermenter 1 unter höchster Methanbildung ($\leq$ 0,6 Nl h⁻¹) ein stabiler pH-Wert (7,9-8,0) bei geringem pCO_2 (30-40 hPa) erreicht.

In Fermenter 1 lag der pCO_2 stets oberhalb des nach der Henderson-

Hasselbalch-Gleichung (6) theoretisch errechneten pCO_2 (Abb.62). Die maximale Essigsäurekonzentration von etwa 10.000 mg L^{-1} und der höchste FOS/TAC von ca. 0,4, die bereits nach 50 Stunden erreicht waren, sanken nach 200 h ebenfalls auf konstant niedrige Werte $\leq$ 2.500 mg L^{-1} bzw. $\leq$ 0,1. Fermenter 2 mit Strukturoberflächen zeigte bei gleicher Belastung einen geringeren Peak in der Methanbildungsrate von etwa 0,45 Nl h^{-1} unter langsamer ansteigendem pH-Wert. Die maximale Essigsäurekonzentration (~ 7.500 mg L^{-1}) und Pufferbelastung (FOS/TAC < 0,3) wurden sehr viel schneller reduziert als in Fermenter 1, wobei die Methanbildung in den ersten 200 h stets geringer war, aber danach trotz niedriger Rate zwischen 0,1 und 0,05 Nl h^{-1} über der von Fermenter 1 lag.

Bei höherer Inputbelastung versauerte Fermenter 3 (ohne Strukturoberflächen) während der ersten Stunden und musste bereits nach 40 h bei einem pH um 5,0, einem FOS/TAC bei 2,2 und einer Essigsäurekonzentration > 10.000 mg L^{-1} mit $NaHCO_3$ stabilisiert werden. Im Anschluss folgte eine Lag-Phase von ca. 600 h, in der bei stabilen pH- und FOS/TAC-Werten um 7,5 bzw. 0,4 eine weitere Essigsäureproduktion bis 20.000 mg L^{-1} stattfand. Erst danach wurde unter Abbau der organischen Säuren eine langsam ansteigende Methanbildung gemessen. Bei gleicher Belastung aber mit zugesetzten Biofilmträgern sank der pH-Wert in Fermenter 4 während der Lag-Phase unter 6,8 ab. Selbst bei einsetzender Methanbildung um Stunde 50 ging der pH-Wert weiter unter 6,5 zurück, wobei die Essigsäurekonzentration etwa 10.000 mg L^{-1} bei einem FOS/TAC bis 0,5 erreichte. Ohne den pH-Wert manuell anzuheben, nahm nach 200 h unter steigender Methanproduktion bis 0,5 Nl h^{-1} der pH-Wert schnell auf 7,4 zu, während die Pufferbelastung und die Essigsäurekonzentration auf Werte < 0,2 bzw. um 2.500 mg L^{-1} zurückgingen. Bis zum Versuchsende stieg der pH-Wert, bei Methanbildungsraten zwischen 0,1 und 0,05 Nl h^{-1} langsam auf ca. 8,2 an.

Neben der Essigsäure akkumulierten die Propionsäure und Buttersäure in den Fermentern 1 und 2 bei geringer Belastung auf 2.500 und 5.000 mg L^{-1} bzw. 2.000 und 4.000 mg L^{-1} und wurden anschließend unter 2.500 mg L^{-1} bzw. vollständig abgebaut (Abb. 63). Bei Fermenter 4 verhielt es sich ähnlich, nur dass die Buttersäure höhere Anfangswerte mit etwa 6.500 mg L^{-1} erreichte und die Propionsäure maximale Werte bei 5.000 mg L^{-1}. Bis zum Versuchsende waren auch hier die organischen Verbindungen unter 2.500 mg L^{-1} gefallen bzw. nicht mehr nachweisbar. Um Stunde 600 waren in Fermenter 3 die höchsten Säurekonzentrationen (Essigsäure ~ 20.000 mg L^{-1}; Propionsäure ~ 12.500 mg L^{-1} und Buttersäure ~ 6.200 mg L^{-1}) zu messen. Die Buttersäure wurde bis zum Laufzeitende vollständig abgebaut, während die Essigsäure auf etwa 7.500 mg L^{-1} reduziert wurde und die Propionsäure aber bei 12.000 mg L^{-1} relativ stabil blieb.

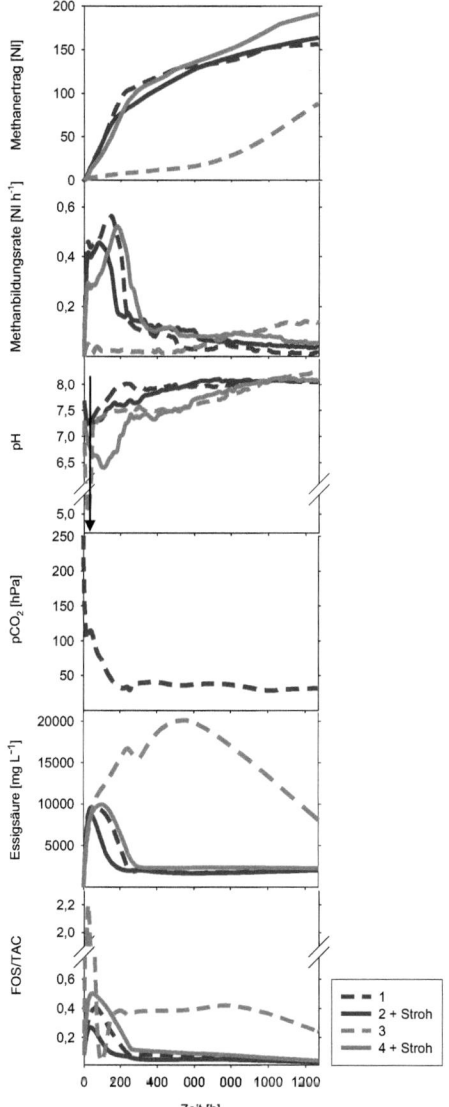

Abb. 61: Prozessparameter der Batch-Fermentation 02/10; Der pCO_2 wurde nur in Fermenter 1 erfasst; Der Pfeil markiert den Zeitpunkt der pH-Stabilisierung in Fermenter 3.

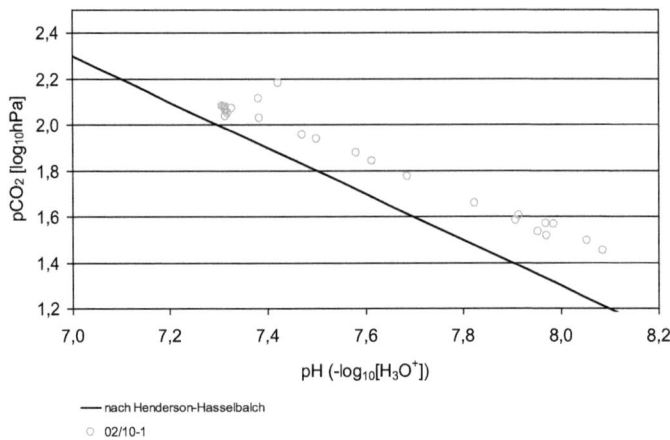

Abb. 62: Doppelt logarithmische Darstellung, pCO_2 von Fermenter 1 in Bezug auf den pH-Wert; Schwarze Linie: pCO_2 nach Henderson-Hasselbalch.

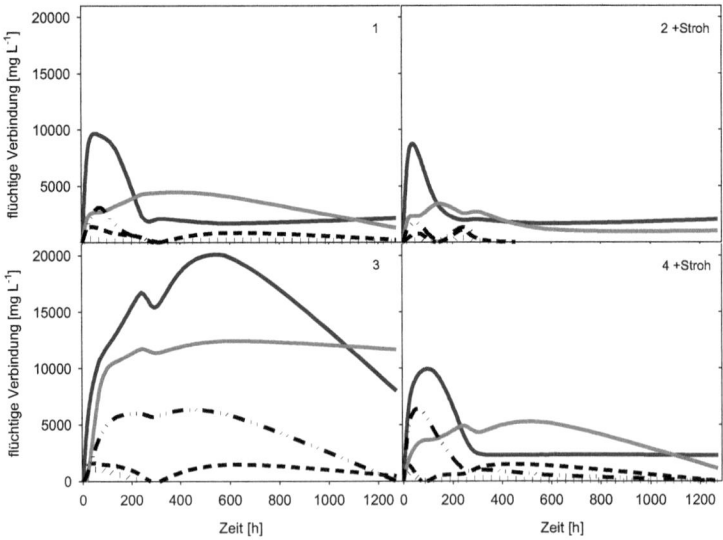

Abb. 63: Konzentrationen der flüchtigen organischen Verbindungen in den Fermentern 1-4 während der Batch-Fermentation 02/10.

Fermenter 1 und 2 erreichten bei geringerer Prozessbelastung ($\sim$ 1,4 kg oTS m^{-3} d^{-1}) beide ähnlich hohe Ausbeuten am Ende. Der absolute Methanertrag war bei dem strukturreichen Fermenter 4 mit 16,6 % höher als bei Fermenter 2, der ebenfalls mit Biofilmträgern angereichert wurde. Der spezifische Methanertrag war in Nr. 4 jedoch um 11,9 % geringer. Fermenter 3 erreichte aufgrund des Versauerungsprozesses keine hohen Erträge.

Die Differenz zwischen errechneter und gemessener Methanausbeute war bei geringerer Prozessbelastung im Kontrollfermenter kleiner als im strukturreicheren Fermenter. Bei erhöhtem Gesamtinput ist laut Energie- bzw. Kohlenstoffbilanz im Fermenter mit Strukturoberflächen deutlich mehr Methan gebildet worden als tatsächlich gemessen wurde. Für die versauerte Kontrolle waren keine Berechnungen möglich.

Batch-Fermentation 05/10

Tab. 16: Prozesskennzahlen und Methanerträge des Durchlaufs 05/10.

Lauf	Nr.	Struktur [g] und [%]- Gesamtmasse	Misch-verhältnis zu Altbrot [oTS]:[oTS]	Gesamt-input [kg oTS m^{-3}]	Raum-belastung [kg oTS m^{-3}d^{-1}]	Dauer [d]	Gärrest oTS Abbau [%]	Ø-C [%]	Ø-N [%]	Ø-CH$_4$ [%]	[Nl]	[Nl kg^{-1} oTS]	nach Bilanzierung E [Nl]	C [Nl]
05/10	1	- - -	M 1,0:0	49,21	0,78	63	49,93	41,1	3,3	54	79,16	189,25	87,46	79,09
05/10	2	Stroh 50 0,56	M 1,0:0	54,51	0,87	63	53,86	41,0	3,9	55	91,53	197,54	86,62	79,72
05/10	3	- - -	M 1,0:0	63,80	1,02	63	57,95	41,1	3,8	56	140,71	259,46	135,77	128,33
05/10	4	Stroh 50 0,53	M 1,0:0	69,11	1,10	63	62,39	40,7	4,2	56	128,11	218,09	138,53	131,60

Je Fermenter	Menge	TS [%]	oTS [%]	Ø-C [%]	Ø-N [%]	Ø-C/N	pH	FOS/TAC	Ø-Energiegehalt [J g^{-1}TS]
Inoculum	8,5 L	4,3	80,5	40,8	3,8	14,9:1	7,9	0,04	16634
Maissilage	400/800 g	32,5	95,3	45,7	1,2	38,6:1	k.A.	k.A.	18093

In dieser Batch-Fermentation wurde ausschließlich Maissilage (32,5 % TS und 95,3 % oTS) mit einer Frischmasse von 400 g in Fermenter 1 und 2 bzw. mit 800 g in Fermenter 3 und 4 vorgoren. Der TS-Gehalt des Inoculums wurde vor Substratzugabe von 10,1 % auf 4,3 % reduziert, um die Rührfähigkeit sicher zu stellen. Wiederum wurde Stroh zu je 50 g (0,56 % bzw. 0,53 % der Gesamtmasse) als Biofilmträger in Fermenter 2 und 4 zugegeben. Unmittelbar nach Substratzugabe stieg die Methanproduktion ohne Lag-Phase in allen Fermentern stark an und erreichte mit 0,5 Nl h^{-1} (Nr. 1 und 2) und 0,6 Nl h^{-1} (Nr. 3 und 4) die höchsten Werte (Abb. 64). Zugleich sank der pH-Wert auf etwa 7,5 bzw. 7,4 ab. Die Essigsäure erreichte maximal 3.000 mg L^{-1} bzw. 3.600 mg L^{-1} und die Pufferbelastung erreichte FOS/TAC-Werte bei 0,10 bzw. 0,16. Unter stark rückläufiger Methanbildungsrate stieg zugleich der pH-Wert an, wobei die Essigsäure- und Pufferbelastungen entsprechend zurückgingen. In den Fermentern mit zusätzlichen Biofilmträgern war während der ersten 4 Tage die Puffer- und Säurebelastung minimal kleiner und der pH-Wert etwas höher als in den Kontrollen. Nach etwa 4 Tagen waren die hohen Methanbildungsraten auf 0,16 Nl h^{-1} (Nr. 1 und 2) bzw. 0,20 Nl h^{-1} (Nr. 3 und 4) überall stark zurückgegangen. Bei einem pH-Wert von 7,8 wurden niedrige Essigsäurekonzentrationen unter 2.000 mg L^{-1} und Pufferbelastungen unter 0,05 gemessen. Bis zum Ende der Fermentation nach fast 63 Tagen nahm die Methanbildungsrate langsam weiter auf etwa 0,01 und 0,02 ab, während die pH-Werte bei leicht sinkenden Säure- und Pufferbelastungen auf 7,6 zurückgingen. Bei diesem Fermentationslauf wurden keine Kohlenstoffdioxid-partialdrücke erfasst.

Die Säurekonzentrationen waren nur in den ersten 100 Stunden in allen Fermentern leicht erhöht (Abb. 65). Die Propionsäure erreichte Werte von maximal 1.000 mg L^{-1} in Fermenter 1 und 2 und maximal 1.500 mg L^{-1} in Fermenter 3 und 4. Die Buttersäure war nur in Fermenter 3 und 4 am Anfang bis 1.000 mg L^{-1} deutlich nachzuweisen. Alle Säuren pendelten sich nach den ersten 4 Tagen auf ein konstant niedriges bzw. leicht sinkendes Niveau ein.

Der spezifische Methanertrag war in Fermenter 2 um 4,4 % höher und bei

Fermenter 4 um 15,9 % geringer als in den jeweiligen Kontrollen. Die energetische Betrachtung lieferte höhere theoretische Methanausbeuten als die Kohlenstoffbilanzierung. Bei Fermenter 2 und 3 lagen die gemessenen Erträge über den theoretisch errechneten und bei Fermenter 1 und 4 gleichauf bzw. darunter.

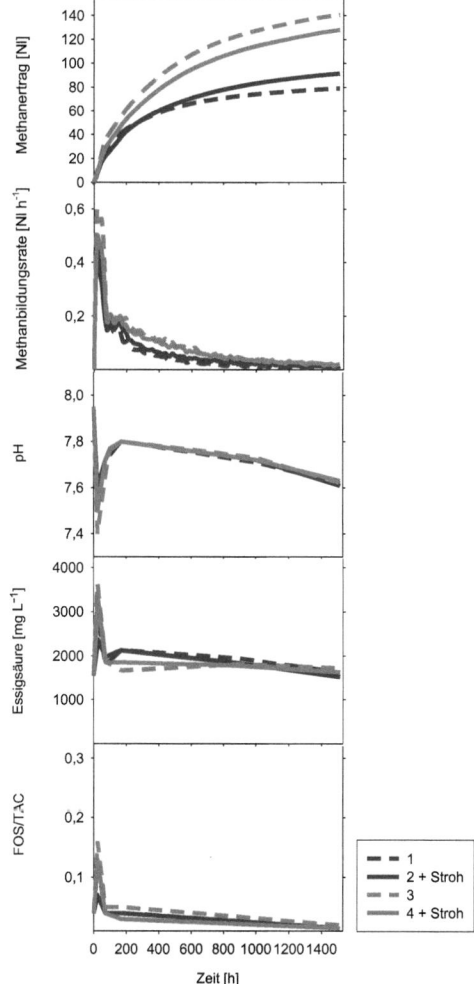

Abb. 64: Prozessparameter der Batch-Fermentation 05/10; Der pCO_2 wurde nicht erfasst.

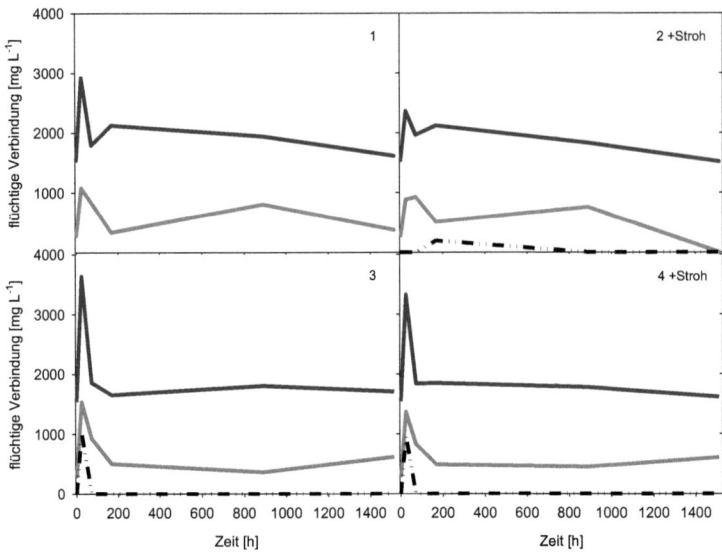

Abb. 65: Konzentrationen der flüchtigen organischen Verbindungen in den Fermentern 1-4 während der Batch-Fermentation 05/10.

3.2.1.2 Gesamtauswertung

O_2-Konzentration

Innerhalb weniger Stunden nach Schließen der Fermenter entstand eine anaerobe Atmosphäre über dem flüssigen Gärmedium (Abb. 66). Der Luftsauerstoff in der Gasphase wurde zum Teil verstoffwechselt, aber wohl hauptsächlich durch produziertes Gas verdünnt bzw. verdrängt. Zum Vergleich wurden die Messwerte bei kontinuierlichem Betrieb in die Darstellung mitaufgenommen. Durch Ausbleiben einer Lag-Phase im kontinuierlichen Betrieb wurde dort der Luftsauerstoff durch konstante Gasbildung schneller verdrängt. Die hier dargestellten anfänglichen Sauerstoff-Konzentrationen waren vom Zeitraum zwischen Fermenterverschluss und Sensoraktivierung abhängig, wobei von ursprünglichen 100 % Luftsättigung (ca. 21 Vol.-% O_2 in der Luft) ausgegangen werden kann.

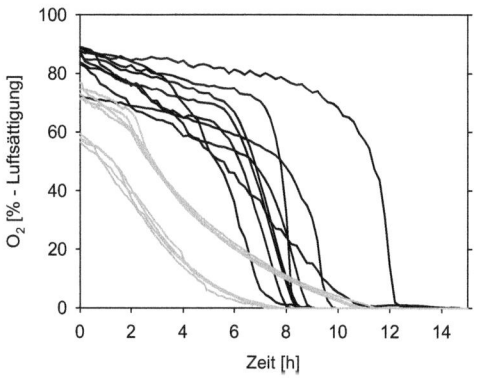

Abb. 66: Sauerstoffkonzentration im Fermentergasraum nach Versuchsbeginn; schwarz: Batch-Fermentationen grau: kontinuierliche Fermentationen.

CO_2-Partialdruck (pCO_2)

Durch den eingeschränkten Messbereich von 0-250 hPa konnten erst mit pH-Werten über 7,0 verlässliche Kohlenstoffdioxidpartialdrücke gemessen werden. Durch die doppelt logarithmische Darstellung wird deutlich, dass bei steigenden pH-Werten (~7,0 bis 8,0) in der Fermenterflüssigkeit der pCO_2 von 250 hPa auf 30-40 hPa genauso schnell abnahm, wie die Wasserstoffionenkonzentration (Abb. 67). Bis auf einige Messwerte des Durchlaufs 05/09 lagen die gemessenen Kohlenstoffdioxidpartialdrücke stets über dem errechneten pCO_2 (6).

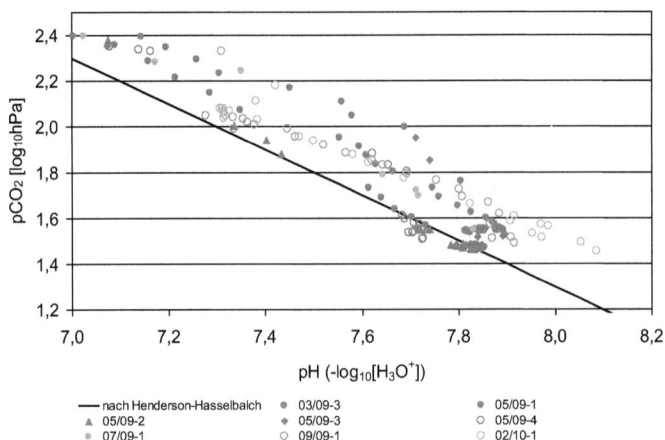

Abb. 67: Doppelt logarithmische Darstellung, pCO_2 aller Batch-Durchläufe in Bezug auf den pH-Wert; Schwarze Linie: pCO_2 nach Henderson-Hasselbalch.

FOS/TAC

Die pH- und FOS/TAC Messpaare der jeweiligen Probenahmezeitpunkte wurden in einem Diagramm zusammengefasst (Abb. 68). Dabei zeigte sich, dass im pH-Bereich der Methanbildung ein negativ linearer Zusammenhang (R^2 = 0,84) zwischen pH und Pufferbelastung (FOS/TAC) im flüssigen Fermenterinhalt bestand.

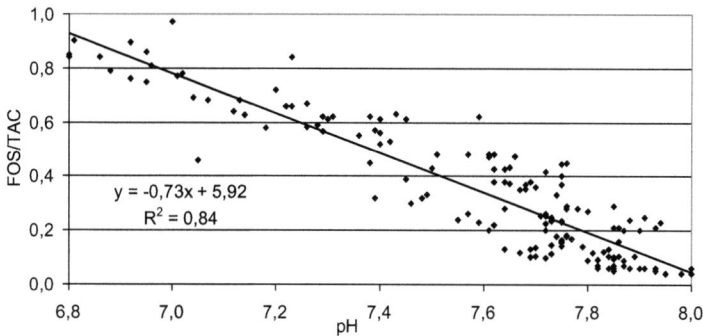

Abb. 68: Pufferbelastungen bei pH-Werten zwischen pH 6,8 und 8,0.

Methanbildung

Die Methanbildungsraten der Batch-Fermentationen wurden zusammen mit den pCO_2- und FOS/TAC-Werten in einem Diagramm abhängig vom pH-Wert zusammengefasst (Abb. 69). Aufgrund einer Prozessüberlastung ab Gesamtinputmengen von 70 kg oTS m^{-3} wurden nur Parameter von Läufen mit geringeren Inputmengen dargestellt.

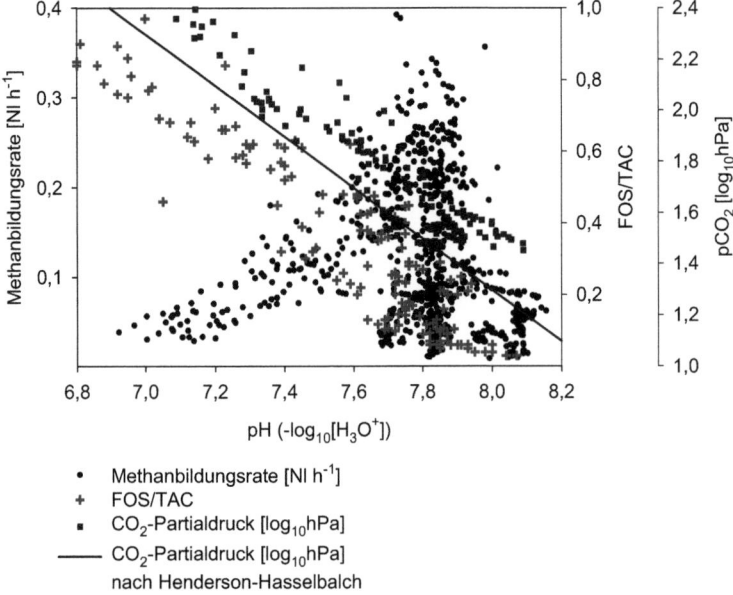

Abb. 69: Methanbildungsraten, FOS/TAC-Werte und Kohlenstoffdioxidpartialdrücke der Batch-Fermentationen (Input < 70 kg oTS m^{-3}) im pH-Bereich von 6,8 bis 8,2.

Alle Prozessparameter zeigten eine direkte oder indirekte Abhängigkeit vom pH in der Fermenterflüssigkeit. Ab einem pH-Wert von 6,8 stieg die Methanbildungsrate an und erreichte um pH 7,8 die höchsten Werte. Im gleichen Bereich sanken die FOS/TAC-Werte von 0,8/0,9 auf etwa 0,2 und die Kohlenstoffdioxidpartialdrücke von über 250 ha auf etwa 50 hPa ab. Die höchste Steigung in der Methanbildungsrate war um pH 7,6 bei Kohlenstoffdioxidpartialdrücken um 80 hPa und FOS/TAC-Werten um 0,4 zu verzeichnen. Ab pH-Werten von 7,8 ließ die Methanbildungsrate rapide nach, während auch die FOS/TAC- und pCO$_2$-Werte weiter zurückgingen.

Der spezifische Methanertrag stieg sowohl mit als auch ohne zusätzliche

Strukturoberflächen bis zu einer Inputmenge von etwa 62 kg oTS m^{-3} auf ca. 245 Nl kg^{-1} oTS an (Abb. 70). Bei weiterer Belastung verringerte sich der spezifische Ertrag in den Fermentern ohne stabile Oberflächen bereits ab etwa 65 kg oTS m^{-3}, wohingegen er in den strukturreichen Fermentern bis zu 78 kg oTS m^{-3} auf fast 260 Nl kg^{-1} oTS gesteigert werden konnte.

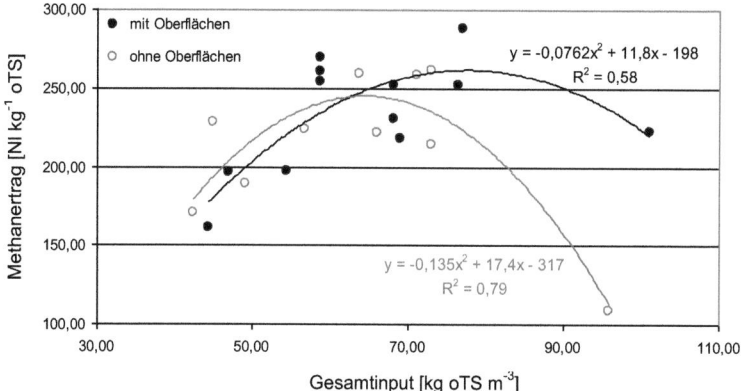

Abb. 70: Die spezifische Methanausbeute mit und ohne zusätzliche Besiedlungsoberflächen bezogen auf den Gesamtinput; Nicht in die Darstellung aufgenommen wurden die Erträge der Fermenter Nr. 1 aus 12/08, Nr. 2 aus 03/09 und Nr. 1-4 aus 07/09.

Abbau organischer Substanz

Unabhängig von den zugesetzten Biofilmträgern stieg der Abbaugrad organischer Substanz bei Inputmengen bis 62 kg oTS m^{-3} auf etwa 60 % an (Abb. 71). Bei höherer Inputbelastung konnte der Abbau organischer Substanz mithilfe von Biofilmträgern bis auf über 70 % gesteigert werden. Ohne Strukturoberflächen wurde die Effizienz der Vergärung bei Gesamtbeladungen zwischen 62 kg oTS m^{-3} und 72 kg oTS m^{-3} nicht mehr größer und nahm im Anschluss ab.

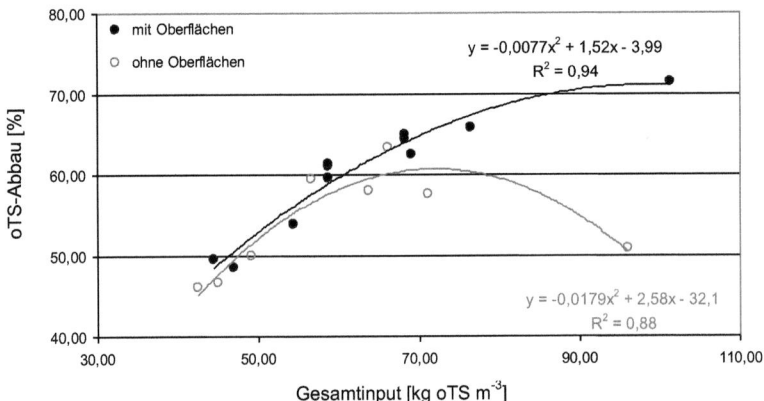

Abb. 71: Der Abbaugrad organischer Substanz mit und ohne zusätzliche Besiedlungsoberflächen bezogen auf den Gesamtinput; Nicht in die Darstellung aufgenommen wurden die Abbaugrade der Fermenter Nr. 1-4 aus 12/08 und Nr. 1-4 aus 07/09.

Bilanzierung

Die bilanzierten Methanausbeuten wurden zusammen mit den gemessenen Erträgen in Tabelle 17 aufgelistet und in den Abbildungen 72-74 graphisch dargestellt.

Tab. 17: Prozessparameter und Bilanzierungsergebnisse der berücksichtigten Batch-Fermentationen. Von der Bilanzierung ausgeschlossen waren die Fermenter Nr. 1-4 aus 12/08, Nr. 2 aus 03/09, Nr. 1-4 aus 07/09 und Nr. 3 aus 02/10.

Lauf	Nr.	Struktur	Mischverhältnis zu Altbrot [oTS]:[oTS]	Gesamt-input [kg oTS]	CH_4 [Nl]	nach Energiebilanz CH_4 [Nl]	ΔCH_4 [Nl]	nach C-Bilanz CH_4 [Nl]	ΔCH_4 [Nl]
03/09	1	Stroh	SR	1,7:1	0,58	133,88	198,67	-64,79	174,77	-40,89
03/09	3	Typha ferm.	SR	1,7:1	0,58	146,30	202,58	-56,29	191,20	-44,91
03/09	4	-	SR	1,7:1	0,56	124,74	199,16	-74,43	181,76	-57,02
05/09	1	Stroh	SR	1,4:1	0,50	130,26	139,43	-9,16	136,06	-5,80
05/09	2	Typha	SR	1,4:1	0,50	127,20	145,52	-18,32	141,39	-14,18
05/09	3	Typha ferm.	SR	1,4:1	0,50	134,94	135,45	-0,52	130,08	4,85
05/09	4	-	SR	1,4:1	0,48	107,98	141,20	-33,22	133,60	-25,63
09/09	1	-	SR	1,0:0	0,40	92,53	95,87	-3,33	90,39	2,14
09/09	2	Typha	SR	1,0:0	0,42	83,29	102,79	-19,50	91,25	-7,96
09/09	3	-	JO	1,0:0	0,38	65,38	86,13	-20,75	80,48	-15,10
09/09	4	Typha	JO	1,0:0	0,40	64,55	88,06	-23,51	84,74	-20,19
02/10	1	-	SR	0,5:1	0,61	156,35	175,63	-19,28	161,27	-4,92
02/10	2	Stroh	SR	0,5:1	0,65	163,82	196,02	-32,19	183,81	-19,98
02/10	4	Stroh	SR	1,0:1	0,86	191,05	290,71	-99,65	267,06	-76,00
05/10	1	-	M	1,0:0	0,42	79,16	87,46	-8,30	79,09	0,07
05/10	2	Stroh	M	1,0:0	0,46	91,53	86,62	4,92	79,72	11,82
05/10	3	-	M	1,0:0	0,54	140,71	135,77	4,94	128,33	12,38
05/10	4	Stroh	M	1,0:0	0,59	128,11	138,53	-10,42	131,60	-3,49

Bei steigender Prozessbelastung wurde der Unterschied zwischen gemessenem und errechnetem Methanertrag immer größer, wobei die nach der Energiebilanz errechneten Methanerträge stets höher lagen als die nach der Kohlenstoffbilanz (Abb. 72). Während gemessenes und errechnetes Methanvolumen bei geringer Input- und Säurebelastung nahezu identisch waren (siehe z.B. 05/10), lagen sie bei hoher Belastung weit auseinander (siehe z.B. 03/09). In Abbildung 73 und 74 sind die Differenzen zwischen gemessenen und errechneten Eträgen, getrennt nach Energie- und Kohlenstoffbilanzierung, dargestellt.

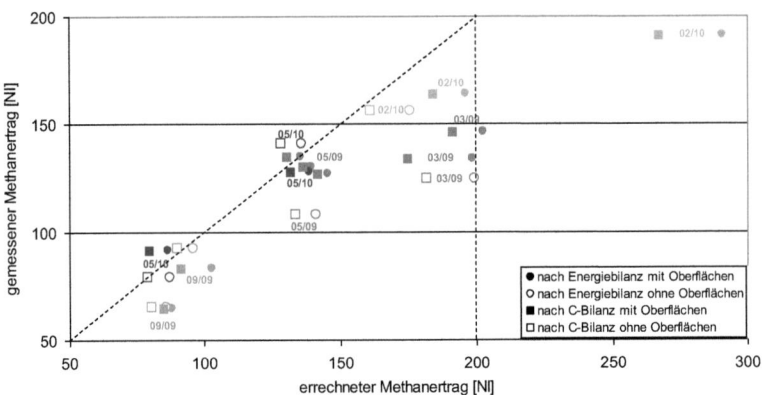

Abb. 72: Gemessene Methanerträge bezogen auf die errechneten Methanerträge.

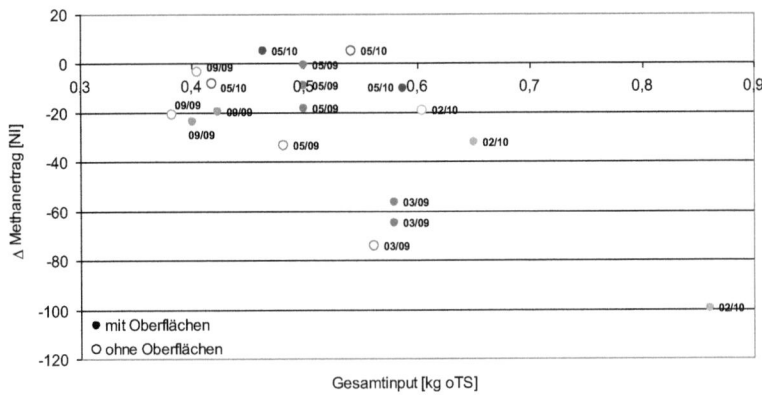

Abb. 73: Unterschied im Methanertrag der Batch-Durchläufe nach Energiebilanzierung.

Ergebnisse

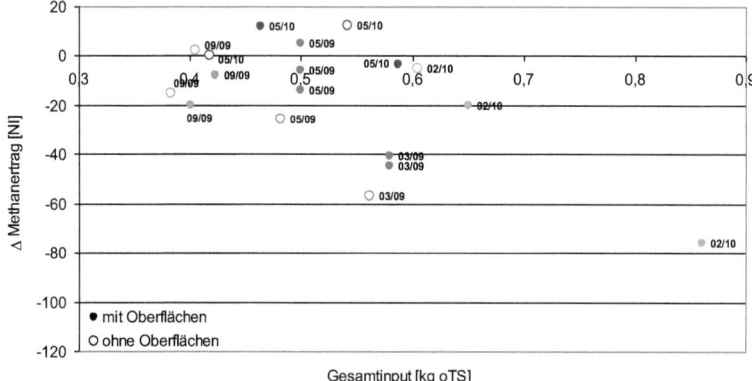

Abb. 74: Unterschied im Methanertrag der Batch-Durchläufe nach Kohlenstoffbilanzierung.

3.2.2 Kontinuierliche Fermentationen im Labormaßstab
Fermentation 09/10

Bei der ersten kontinuierlichen Fermentation 09/10 (Tab. 18 und Abb. 75) wurden nach etwa 30 Tagen (Zeitraum 1) und Raumbelastungen von 1,94 kg oTS m^{-3} d^{-1} in allen vier Fermentern steigende Methanbildungsraten bis 0,4 Nl h^{-1} gemessen. In diesen ersten vier Wochen wurde bei langsam ansteigenden Essigsäurekonzentrationen ($\leq$ 5.000 mg L^{-1}) der Puffer nur gering belastet (FOS/TAC $\leq$ 0,12) und der pH-Wert bei stabilen 7,9 gehalten. Zwischen den Fermentern mit und ohne Biofilmträger war bis dahin kein Unterschied festzustellen.

Im Anschluss wurden die Raumbelastungen auf 3,88 kg oTS m^{-3} d^{-1} verdoppelt. Nach etwas mehr als vier Tagen wurden die maximalen Methanbildungsraten des Fermentationslaufes mit 0,43-0,45 Nl h^{-1} erreicht (siehe auch Abb. 76). In den folgenden dreieinhalb Wochen ging, bedingt durch die vermehrte Säureproduktion (Essigsäurekonzentrationen: 8.000-9.000 mg L^{-1}) und somit steigender Belastung des Puffersystems (FOS/TAC: 0,3), trotz gleicher Raumbelastung die Methanbildungsrate wieder leicht auf etwa 0,41 Nl h^{-1} zurück. Der pH-Wert blieb nahezu konstant bei 7,8. Auffällig war, dass die Essigsäurekonzentrationen in den strukturangereicherten Fermentern gegen Ende um bis zu 1.000 mg L^{-1} geringer waren als in den Kontrollen.

Während des dritten Zeitraums ging bei gleichbleibender Raumbelastung in Fermenter 1 und 2 die Methanbildungsrate weiter auf 0,40 Nl h^{-1} zurück. Die Essigsäure erreichte Konzentrationen um 11.500 mg L^{-1}, wodurch der FOS/TAC auf Werte zwischen 0,37 und 0,38 bei einem pH von 7,7 anstieg. Die Erhöhung der Raumbelastung auf 5,82 kg oTS m^{-3} d^{-1} führte dagegen in Fermenter 3 und 4 zu einer massiven Säureproduktion (bis 14.500 und 16.000 mg L^{-1}), wobei im biofilmreichen Fermenter 4 die geringere Säurekonzentration gemessen wurde. Dort war die Fermenterbiologie bei geringerem FOS/TAC- und höherem pH-Wert weniger stark belastet als in der Kontrolle. Die Methanbildung war trotz dieser starken Veränderungen zunächst ähnlich derjenigen von Fermenter 1 und 2. Erst unterhalb eines pH-Wertes von etwa 6,9 und einem FOS/TAC von 0,8 brach die Methanbildung bei beiden schlagartig um mehr als 75 % ein. Der Substratinput wurde daraufhin bei diesen Fermentern eingestellt.

Im Gegensatz zu Fermenter 3 setzte die Methanbildung in Fermenter 4 unter Abbau der organischen Säuren bereits nach etwa 100 h wieder ein, so dass unter Erholung der Pufferkapazität der pH-Wert wieder anstieg. Nach weiteren drei Wochen haben sich die Essigsäurekonzentration (~ 2.500 mg L^{-1}), der FOS/TAC- (~ 0,2) und pH-Wert (~7,9) in Fermenter 4 wieder normalisiert. In Fermenter 3 wurde bis zum Ende des Experiments keine

Methanbildung gemessen (Essigsäurekonzentration: ~ 18.000 mg L^{-1}, FOS/TAC: > 1,0, pH-Wert: 6,3). In Fermenter 1 und 2 wurde die Methanproduktion bei konstanter Substratzufuhr stetig geringer. Dies ging mit kontinuierlich steigender Pufferbelastung, akkumulierenden organischen Säuren und absinkendem pH-Wert einher. Bei einem pH-Wert von etwa 7,2 und einem FOS/TAC von 0,7 trat in beiden Fermentern massive Schaumbildung auf, so dass der Fermentationslauf hier beendet werden musste. Der Bezug zu den theoretischen Methanbildungsraten (nach KTBL) (siehe Abb. 75) wird in der Diskussion hergestellt.

Tab. 18: Kennzahlen zum kontinuierlichen Fermenterlauf 09/10, eingeteilt in vier Zeiträume mit unterschiedlicher Raumbelastung; SR: Speisereste (18,7 % TS und 91,4 % oTS), Inoculum (v.a. Gärrest aus Schweinegülle: 4,0 % TS und 62,5 % oTS), Strukturbiomasse: Stroh (100 % TS und 90 % oTS); FM: Frischmasse.

Fermenter	(1)	(2)+Stroh	(3)	(4)+Stroh
Inoculum [kg]	8,50	8,50	8,50	8,50
Strukturbiomasse [kg Woche^{-1}]	-	0,005	-	0,005
Anteil Strukturbiomasse an Gesamtmasse [%]	-	0,06	-	0,06
Zeitraum 1				
Inputmenge SR [kg FM d^{-1}]	0,10	0,10	0,10	0,10
Faulraumbelastung [kg oTS m^{-3} d^{-1}]	1,94	1,94	1,94	1,94
Methanbildungsrate Ø [Nl h^{-1}]	**0,33**	**0,32**	**0,33**	**0,32**
Zeitraum 2				
Inputmenge SR [kg FM d^{-1}]	0,20	0,20	0,20	0,20
Faulraumbelastung [kg oTS m^{-3} d^{-1}]	3,88	3,88	3,88	3,88
Methanbildungsrate Ø [Nl h^{-1}]	**0,45**	**0,44**	**0,44**	**0,43**
Zeitraum 3				
Inputmenge SR [kg FM d^{-1}]	0,20	0,20	0,30	0,30
Faulraumbelastung [kg oTS m^{-3} d^{-1}]	3,88	3,88	5,82	5,82
Methanbildungsrate Ø [Nl h^{-1}]	**0,42**	**0,41**	**0,38**	**0,39**
Zeitraum 4				
Inputmenge SR [kg FM d^{-1}]	0,20	0,20	-	-
Faulraumbelastung [kg oTS m^{-3} d^{-1}]	3,88	3,88	-	-
Methanbildungsrate Ø [Nl h^{-1}]	**0,32**	**0,32**	**0,03**	**0,17**

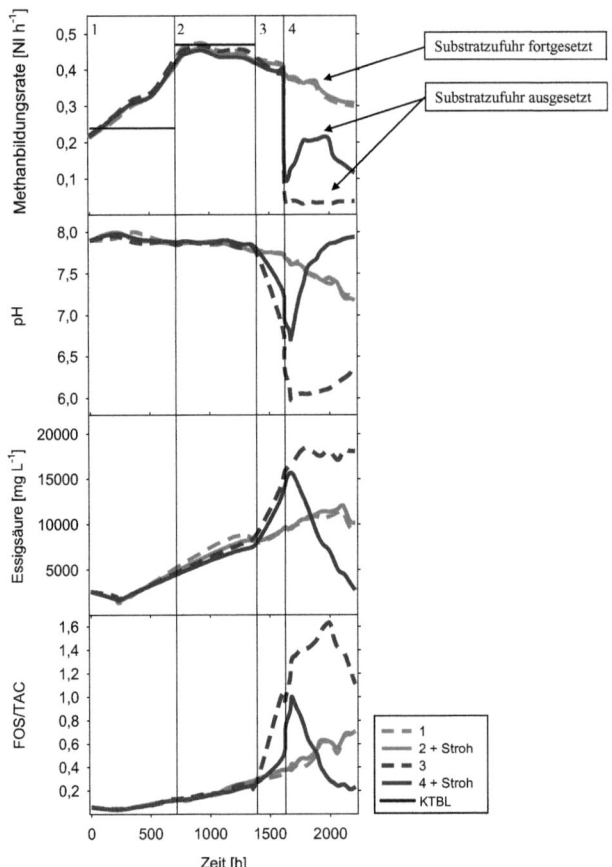

Abb. 75: Prozessparameter des kontinuierlichen Fermentationslaufs 09/10 untergliedert in 4 Zeiträume mit unterschiedlicher Raumbelastung; blau: Methanausbeute [Nl h^{-1}] nach KTBL; Der pCO$_2$ wurde in diesem Durchlauf nicht erfasst.

Ergebnisse

Die Methanbildungsraten dieses kontinuierlichen Fermentationslaufes können zusammen mit den FOS/TAC-Werten abhängig vom pH-Wert dargestellt werden (Abb. 76). Bei sinkenden pH-Werten (8,0-7,9) wurden die Methanbildungsraten größer, während gleichzeitig die Fermenterpufferbelastungen (FOS/TAC) zunahmen (Zeitraum 1). Die höchsten Methanbildungsraten (0,43-0,45 Nl h^{-1}) wurden im pH-Bereich zwischen 7,9 und 7,8 bei FOS/TAC-Werten von 0,2 bis 0,3 gemessen (Zeitraum 2). Bei weiter sinkendem pH lagen die FOS/TAC-Werte über 0,3 und die Methanbildungsraten zwischen 0,4-0,2 Nl h^{-1} (Zeitraum 3/4). Der FOS/TAC-Verlauf zeigte bezüglich des pH-Wertes eine ähnliche Steigung wie der theoretische Kohlenstoffdioxidpartialdruck nach Henderson Hasselbalch. Der pCO$_2$ in der Fermenterflüssigkeit wurde nicht erfasst.

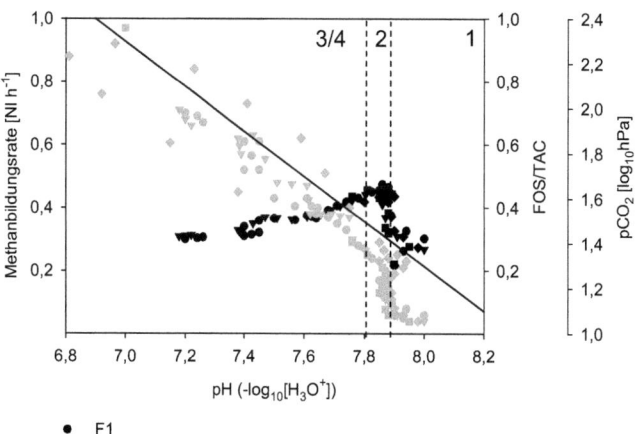

Abb. 76: Methanbildungsraten und FOS/TAC-Werte von Fermentation 09/10 im Bereich von pH 6,8-8,2. Der pCO$_2$ wurde nicht gemessen. Die Zeiträume 1-4 zeigen veränderte Methanbildungsraten an, vgl. Abb. 75.

Neben der Essigsäure akkumulierte vor allem die Propionsäure bei steigender Prozessbelastung in allen vier Fermentern bis zum Ende auf ähnliche Werte um 5.000 mg L^{-1} (Abb. 77). Die Buttersäurekonzentrationen waren überall auf sehr niedrigem Niveau, bis sich bei der erneuten Steigerung der Raumbelastung diese in Fermenter 3 und 4 stark anreicherte. Nach Aussetzen der Substratzugabe wurden die Essig- und Buttersäure, nicht jedoch die Propionsäure, im biofilmreichen Fermenter 4 wieder abgebaut, in Fermenter 3 blieben die Säurekonzentrationen aber unverändert auf hohem Niveau (Essigsäure: 18.000 mg L^{-1}, Propionsäure: 5.300 mg L^{-1} und Buttersäure 4.300 mg L^{-1}).

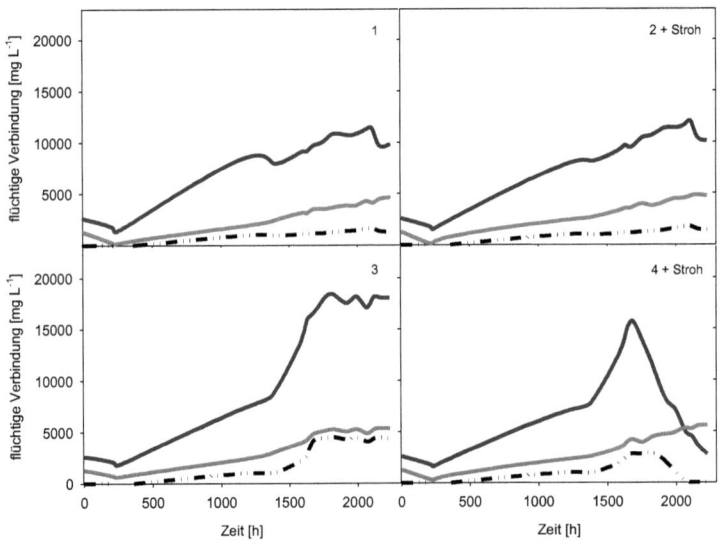

Abb. 77: Konzentrationen der flüchtigen organischen Verbindungen in den Fermenter 1-4 während des kontinuierlichen Fermentationslaufs 09/10.

Fermentation 03/11

In den ersten drei Versuchswochen der zweiten kontinuierlichen Fermentation 03/11 wurde mit einer gleichbleibenden Raumbelastung von 1,79 kg oTS m^{-3} d^{-1} eine konstante Gasproduktion von 0,38-0,40 Nl h^{-1} erreicht (Abb. 78). Die pH-Werte lagen zwischen 7,84 und 7,89, bei FOS/TAC-Werten von 0,09-0,10 und einer Essigsäurebelastung bei 3.300-3.900 mg L^{-1}. Der Kohlenstoffdioxidpartialdruck in den Fermentern lag im Bereich von 74-90 hPa. Im Anschluss wurde jede Woche die Raumbelastung um jeweils 10 % erhöht. Ab der fünften Woche wurde mit einer Raumbelastung von 2,16 kg oTS m^{-3} d^{-1} eine stabile Gasproduktion von 0,50-0,53 Nl h^{-1} bei pH-Werten um 7,75, Pufferbelastungen von 0,14-0,17 (FOS/TAC) und Essigsäurekonzentrationen bei 4.000-5.200 mg L^{-1} über 2 Wochen aufrechterhalten. Im Anschluss stieg die Methanproduktion bis zur zehnten Woche stetig an. Bei einer Raumbelastung bis 3,48 kg oTS m^{-3} d^{-1}, pH-Werten zwischen 7,61 und 7,65, FOS/TAC-Werten zwischen 0,42-0,47 und Essigsäurekonzentrationen im Bereich von 7.400-8.200 mg L^{-1} war die maximale Produktion von 0,60-0,62 Nl CH$_4$ h^{-1} erreicht (siehe auch Abb. 79). Die bis dahin relativ konstante Konzentration an Kohlenstoffdioxid (80-115 hPa) im Fermenterinhalt begann von der 8. bis 10. Woche leicht (bis maximal 125 hPa) anzusteigen. Der pCO$_2$ war in den Fermentern ohne Strukturoberflächen geringfügig höher als in den biofilmreichen Fermentern. Zu Beginn der elften Woche brach bei Erhöhung der Raumbelastungen von 3,48 auf 3,83 kg oTS m^{-3} d^{-1} die Methanbildung plötzlich um 30-32 % ein. Zu diesem Zeitpunkt lagen die pH-Werte bei 7,66-7,76 mit 6.800-7.400 mg Essigsäure pro Liter und FOS/TAC-Werten im Bereich von 0,42-0,48. Bei weiterer Steigerung der Raumbelastung auf 4,21 kg oTS m^{-3} d^{-1} ging in der zwölften Woche die Methanbildung weiter auf 0,34-0,41 Nl h^{-1} zurück, bei pH-Werten zwischen 7,04-7,29, FOS/TAC-Werten von 0,56-0,69 und einer Essigsäurebelastung von 8.700-10.800 mg L^{-1}. Der pCO_2 überschritt in dieser Woche in allen Fermentern die 125 hPa und stieg im Anschluss steil an, so dass er mit 250 hP in der Woche 13 außerhalb des Messbereichs war. Zur gleichen Zeit stiegen die Essigsäurekonzentrationen über 10.000 mg L^{-1} an. Bei einer Raumbelastung von 4,63 kg oTS m^{-3} betrug die Gasbildung nur noch 0,16-0,33 Nl h^{-1}. Der pH war auf Werte zwischen 6,88 und 7,12 gefallen und der FOS/TAC auf 0,64-0,80 gestiegen. In Fermenter 2 und 3, mit und ohne Strukturoberflächen, waren die Milieubedingungen geringfügig besser, was sich in einer etwas verzögerten Reduktion der Methanbildung in Woche 13 äußerte. Die Substratzugabe wurde nach Woche 13 eingestellt, aber aufgrund fortschreitender Essigsäurebildung in Woche 14 wurden ansteigende Werte von 12.800 bis 14.500 mg L^{-1} gemessen, wobei die Methanbildung mit 0,01-0,08 Nl h^{-1} in allen Fermentern nahezu zum Erliegen gekommen war. Der pH-Wert sank weiter auf 5,98-6,90 ab, wobei die Pufferbelastung mit steigenden FOS/TAC-Werten zwischen 0,89 und 1,48 weiter zurückging. Fermenter 3 blieb als einziger Fermenter mit einem FOS/TAC von 0,89 und einer Essigssäurekonzentration von 13.000 mg L^{-1} bei einem pH-Wert von 6,9. In den 3 Wochen nach Aussetzen der Substratzugabe waren in den drei stärker versauerten Fermentern 1,2 und 4 bei pH-Werten zwischen 6,09 und 6,47 minimale Methanbildungsraten von 0,004-0,01 Nl h^{-1} zu messen. Die FOS/TAC-Werte waren im Bereich von 1,15-1,21, bei Essigsäurekonzentrationen zwischen 11.800 und 14.500 mg L^{-1}. Nur Fermenter 3 konnte bis zum Ende der kontinuierlichen Fermentation mit einer Methanbildungs-rate bis 0,16 Nl h^{-1} unter Reduktion der Essigsäure-konzentration auf 3.400 mg L^{-1} und des FOS/TAC-Wertes auf 0,27 den pH-Wert im flüssigen Fermenter-inhalt auf 8,0 anheben.

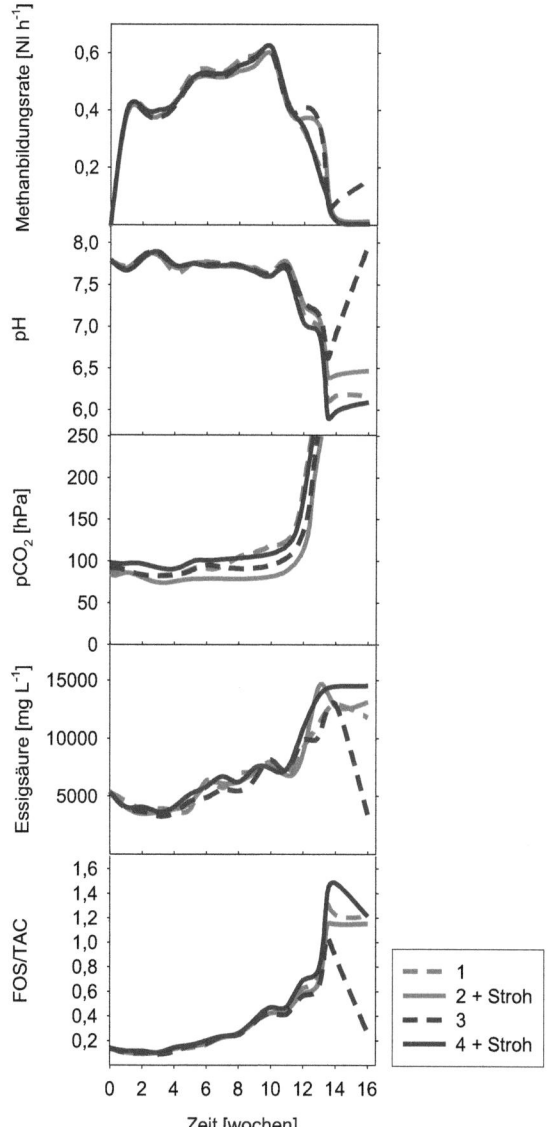

Abb. 78: Prozessparameter des kontinuierlichen Fermentationslaufs 03/11 unter Steigerung der Raumbelastung um 10 % pro Woche.

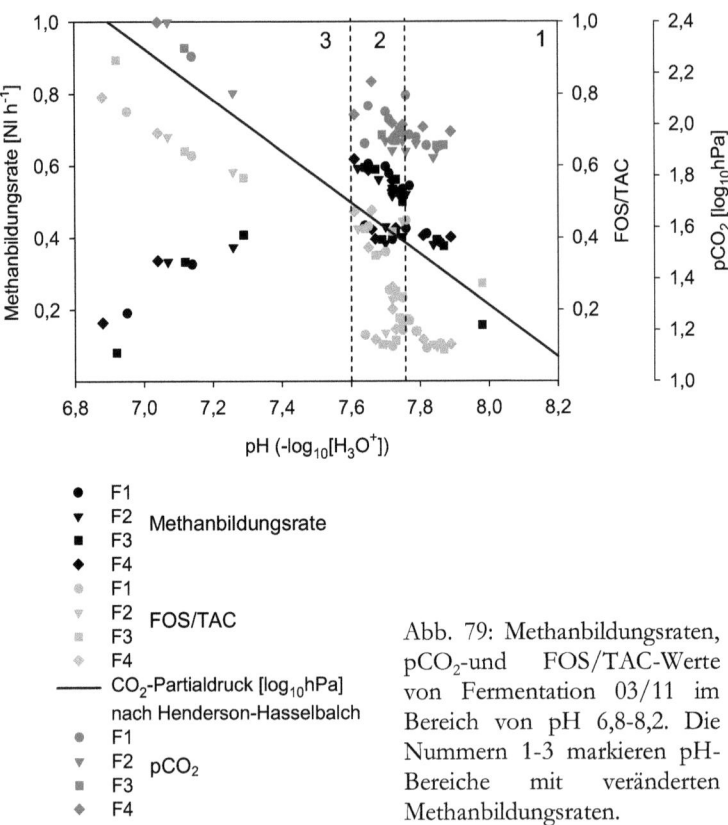

Abb. 79: Methanbildungsraten, pCO_2- und FOS/TAC-Werte von Fermentation 03/11 im Bereich von pH 6,8-8,2. Die Nummern 1-3 markieren pH-Bereiche mit veränderten Methanbildungsraten.

Wie schon im vorherigen kontinuierlichen Durchlauf können die Methanbildungsraten zusammen mit den FOS/TAC- und pCO_2-Werten abhängig vom pH-Wert dargestellt werden (Abb. 79). Bei Absinken des pH-Wertes von 8,0 auf knapp unter 7,8 stiegen die Methanbildungsraten an, während sich die FOS/TAC- ebenso wie die pCO_2-Werte vergrößerten (Bereich 1). Im pH-Bereich zwischen 7,7 und 7,6 wurden bei FOS/TAC-Werten von 0,4-0,5 und mittleren pCO_2-Werten von 80-100 hPa die höchsten

Methanbildungsraten (0,60-0,62 Nl h^{-1}) gemessen (Bereich 2). Bei weiter zurückgehenden pH-Werten (<7,6) reduzierte sich die Methanproduktivität kontinuierlich unter ansteigender Pufferbelastung (Bereich 3).

In Abbildung 80 sind die Methanbildungsrate, die Methankonzentration und der Kohlenstoffdioxidpartialdruck von Woche 8 dieses Fermentationslaufes bei einer einmaligen Substratzufuhr pro Tag dargestellt. Die Werte der Methanbildungsrate und des Kohlenstoffdioxidpartialdrucks verhielten sich dabei synchron und stiegen bei Substratzugabe stark an, dagegen nahm im Gegenzug die Methankonzentration asynchron ab. Wurde der Anteil an gelöstem CO$_2$ in der Fermenterflüssigkeit ebenso wie die Methanbildungsrate geringer, vergrößerte sich der Methananteil im Biogas. Der abgepufferte pH-Wert zeigte keine Reaktion auf die tägliche Fütterung und lag stabil im Bereich zwischen 7,70 und 7,75.

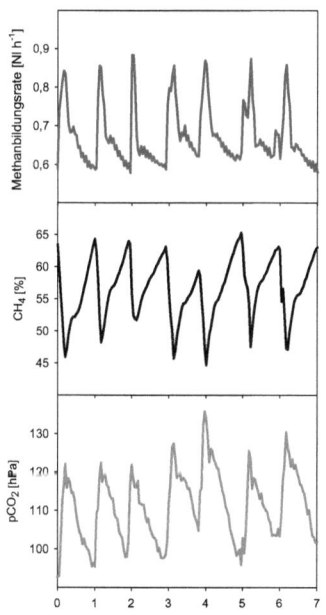

Abb. 80: Methanbildungsrate, Methankonzentration und Kohlenstoffdioxidpartialdruck bei einmaliger Substratzufuhr pro Tag; Prozessparameter von Fermenter 1 während der neunten Woche der kontinuierlichen Fermentation 03/11; Raumbelastung: 3,16 kg oTS m^{-3} d^{-1}.

Der absolute Methanertrag pro Fermentervolumen und Tag (Nl CH_4 m^{-3} d^{-1}) stieg bis zur zehnten Woche und einer Raumbelastung von 3,48 kg oTS m^{-3} d^{-1} stetig an und ging kurz danach stark zurück (Abb. 81). Im Gegensatz dazu war der höchste spezifische Methanertrag von etwa 560 Nl kg^{-1} oTS gleich zu Beginn um Woche 5 bei einer Raumbelastung von 2,16 kg oTS m^{-3} d^{-1} erreicht und nahm im Anschluss bei steigender Raumbelastung ab. Bis zu der Raumbelastung von 3,48 kg oTS m^{-3} d^{-1}, bei der die höchste absolute Methanausbeute erreicht war, lag der spezifische Methanertrag über dem theoretischen nach KTBL errechneten Ertrag.

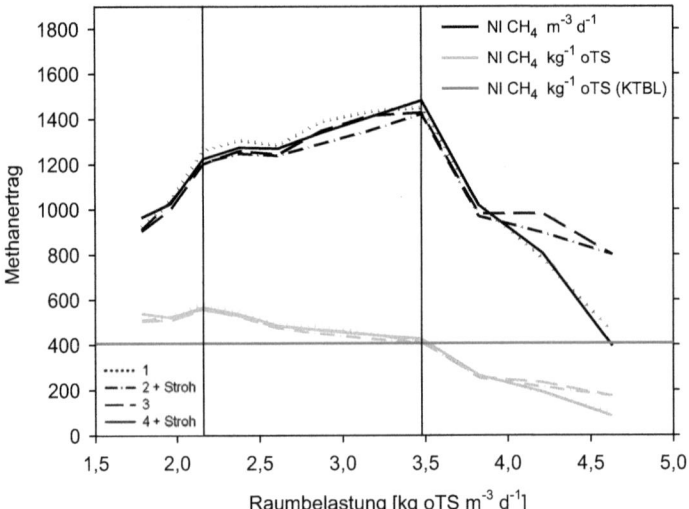

Abb. 81: Absolute und spezifische Methanerträge des kontinuierlichen Fermentationslaufes 03/11 bei steigenden Raumbelastungen; spezifischer Methanertrag nach KTBL: 406,7 Nl CH_4 kg^{-1} oTS bei 75 % Speiseresten und 25 % Altbrot.

Während der gesamten Laufzeit der kontinuierlichen Fermentation 03/11 waren Spuren von Ethanol und Aceton nachweisbar (Abb 82). Neben der Essigsäure akkumulierten Propionsäure und Buttersäure zum Ende langsam auf ~ 5.000 mg L^{-1} bzw. ~ 2.500 mg L^{-1}. Nur in Fermenter 3 konnten während der Methanbildung in den Wochen 14 bis 16 die Essigsäurekonzentration reduziert und die Buttersäure komplett abgebaut werden.

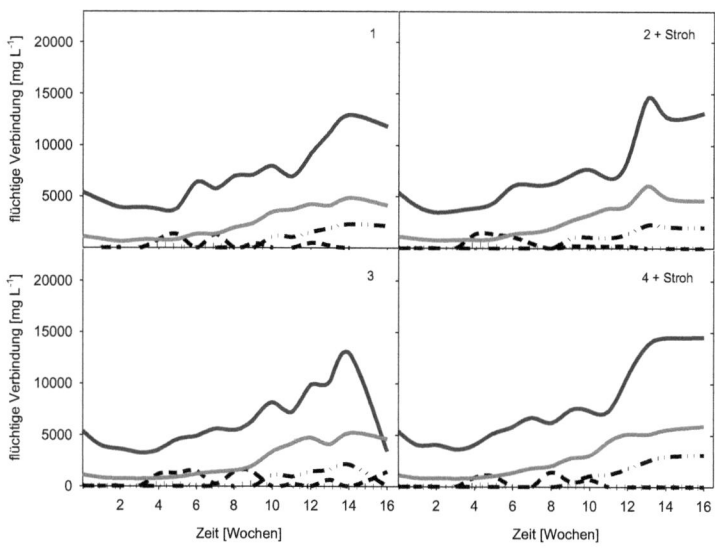

Abb. 82: Konzentrationen der flüchtigen organischen Verbindungen in den Fermentern 1-4 während des kontinuierlichen Fermentationslaufs 03/11.

3.2.3 Kontinuierliche Fermentation im Praxismaßstab

In Fermenter 1 der Praxisbiogasanlage Allgayer wurde die stabilisierende Wirkung von zusätzlichen Oberflächen unter Steigerung der Raumbelastung untersucht. Die Raumbelastung konnte im Mittel bei stabilem Prozess von 2,4 auf 2,8 kg oTS $m^{-3}d^{-1}$ gesteigert werden (Abb. 83). Die Raumbelastung setzte sich am Ende des Versuchszeitraumes aus folgenden Substraten (Frischmasseanteile) zusammen: 69 % Schweinegülle, 13,3 % Maissilage, 4,8 % Speisereste, 8,9 % Altbrot, 3 % Kartoffelschalen und 0,9 % Getreideausputz. Aufgrund der stoßweise zugeführten hohen Anteile an teilweise ausgegorener Schweinegülle aus dem anliegenden Schweinemastbetrieb und der ungleichmäßigen Zufuhr der anderen Substrate wurde der theoretische Methanertrag nach Angaben des KTBL näherungsweise auf 290 Nl CH_4 kg^{-1} oTS geschätzt. Es war eine relativ konstante Methankonzentration um 51 % im Biogas zu messen. Die absolute Methanausbeute konnte um etwa 230 Nl m^{-3} d^{-1} auf ca. 760 Nl m^{-3} d^{-1} gesteigert und die spezifische Ausbeute um knapp 50 Nl kg^{-1} oTS auf stabile 270 Nl kg^{-1} oTS erhöht werden (Abb. 83). Der TS-Gehalt stieg von 5,3 auf 6,2 an, während die organische Trockensubstanz von 73,7 auf 71,2 sank. Die Essigsäurekonzentration stieg im Mittel von 3.060 mg L^{-1} auf 4.070 mg L^{-1} an, wohingegen die Propionsäurekonzentration von 1.060 mg L^1 auf 910 mg L^1 zurückging. Die pH-Werte verringerten sich leicht bis zum Ende auf 7,55, während der FOS/TAC auf 0,19 anstieg (Abb. 84). Die elektrische Leistung des BHKW konnte somit um 50 kW erhöht werden, ohne den Prozess zu überlasten.

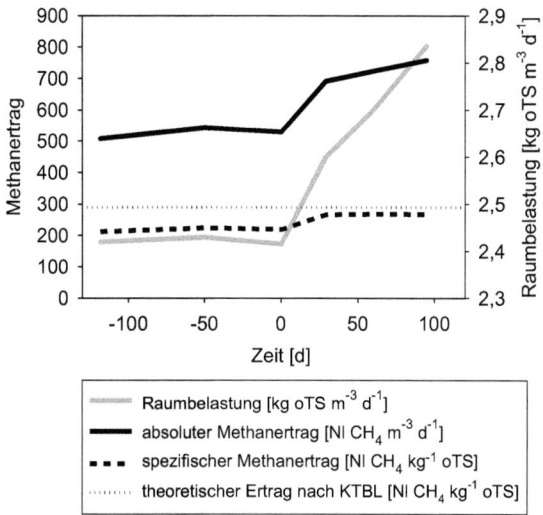

Abb. 83: Absoluter und spezifischer Methanertrag von Fermenter 1 der Praxisbiogasanlage Allgayer (Aulendorf) unter Steigerung der Raumbelastung und Zugabe von 320 kg Stroh alle 2 Wochen ab Tag 0.

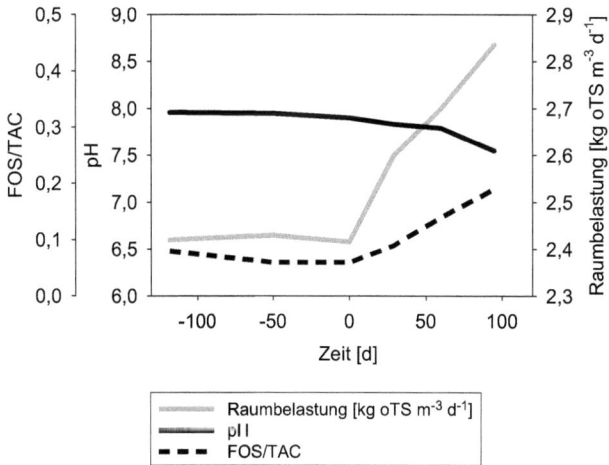

Abb. 84: pH- und FOS/TAC-Werte von Fermenter 1 der Praxisbiogasanlage Allgayer (Aulendorf) Zugabe von 320 kg Stroh alle 2 Wochen ab Tag 0 unter Steigerung der Raumbelastung.

4 Diskussion
4.1 Analyse der Biofilmträger

Sowohl die *Typha*-Blätter als auch das Stroh eigneten sich gleichermaßen als prozessstabilisierende Strukturen. Während Stroh eine fast doppelt so große spezifische Oberfläche ($cm^2\,g^{-1}$ TM) zur Ausbildung von Biofilmen anbot, ließ Flüssigkeit vollsaugten, besser in den Fermenterinhalt einrühren. Auf der profilierten Außenseite der *Typha*-Blätter hafteten die mikrobiellen Biofilme gut und waren selbst bei der Präparation leicht zu handhaben. Im Vergleich dazu lösten sich die Biofilme bei der Präparation der Strohhalme teilweise von deren glatten Außenfläche ab. Auf den REM-Aufnahmen ist deutlich die filamentöse dreidimensionale Exopoly-saccharidmatrix (EPS-Matrix) mit den eingebetteten Mikroorganismen zu erkennen, die eine ähnliche Heterogenität aufweisen, wie sie in einem anaeroben Bioreaktor gefunden wurde (Diaz et al. 2006). Mit bloßem Auge konnte diese Biofilm-Matrix als viskoses, schleimiges Gebilde zwischen den pflanzlichen Strukturen ausgemacht werden. In den Randbereichen der Biofilme befinden sich hauptsächlich hydrolytische und acidogene Bakterien, wohingegen sich strikt anaerobe syntrophe Bakterien zusammen mit methanogenen Archaeen im Kern befinden (Batstone et al. 2004, Harmsen et al. 1996, Jackson et al. 1999, Sasaki et al. 2007). Etwa sieben bis zehn Tage benötigt ein Biofilm zur Reifung (Saucedo-Terán et al. 2004), was sich mit der Generationszeit der methanogenen Assoziationen zwischen fünf und fünfzehn Tagen deckt (Lamed et al. 1987, Thomé-Kozmiensky 1989, Weiland 2003). In diese Zeitspanne fällt in etwa auch die stabilisierende Wirkung der Biofilmträger bei starker Fermenterbelastung. Außerdem werden die methanbildenden mikrobiellen Gemeinschaften im Inneren der Biofilme in gewissem Maße vor niedrigen pH-Werten und hohen Säurekonzentrationen des flüssigen Fermentermilieus geschützt (Sutherland 1985).

4.2 Biogasproduktion

4.2.1 Prozessstufen

Mithilfe der aus den Laborfermentationen gewonnenen Erkenntnisse lässt sich die Methanbildung, in Anlehnung an das mikrobielle Zellteilungswachstum (siehe Kapitel 1.1.1, Abbildung 1), in vier Prozessstufen darstellen. Da die Prozessstufen ausschließlich auf die Methanproduktivität Bezug nehmen, können sich die verschiedenen am Gärprozess beteiligten Fermentermikroorganismen in unterschiedlichen Zellwachstumsphasen befinden.

Lag-Phase

Durch Zugabe von organischen Substraten zum Gärmedium tritt der Fermentations-prozess, meist aus der stationären Phase in die Lag-Phase, ein. In den Batch-Fermentationen dauerte sie, wie auch in der Literatur zu finden (Pagés Díaz et al. 2011, Qu et al. 2009, Xie et al. 2011), zwischen 2 und 30 Tagen und trat bei kontinuierlicher Betriebsweise (09/10 und 03/11) bei relativ geringem täglichen Input nicht definiert in Erscheinung. Die Substrate werden zuerst durch säurebildende Mikroorganismen umgesetzt, die über einen schnelleren Stoffwechsel als methanbildende Gemeinschaften verfügen. Während dieser Phase laufen so vermehrt hydrolytische und acidogene Stoffwechselprozesse ab. Aufgrund dieser Abbauprozesse war das Gärmedium stets mit Kohlenstoffdioxid übersättigt, was an den Messwerten oberhalb der theoretischen Löslichkeit deutlich wird (siehe Abb. 67). Im flüssigen Fermenterinhalt füllen die sauren Stoffwechselprodukte zur Verringerung der Pufferkapazität und zum Absinken des pH-Wertes. Dieser Effekt wird durch bereits saure Substrate verstärkt (Deublein & Steinhauser 2008, Eder & Schulz 2006, Hölker 2009, Li et al. 2009). Daher war die Ausprägung der Lag-Phase hinsichtlich Dauer und pH-Wert direkt von der Art und Menge der Substrate abhängig.

Bei der Vergärung von cellulosereichem Mais (05/10) mit einem Gesamtinput zwischen 50-70 kg oTS m^{-3} war keine Lag-Phase festzustellen. Die Stabilität des Gärprozesses war zu keiner Zeit ernsthaft gefährdet, da nur zu Anfang kurze Peaks in den Säurekonzentrationen auftraten. Die Gesamtsäurebelastung lag meist im Bereich um 2.000 mg L^{-1}, charakteristisch für einen stabilen Prozess (Eder & Schulz 2006, Hölker 2011, Kämpfer & Weißenfels 2001).

Bei Substratmischungen aus Abfallstoffen traten wesentlich höhere Säurekonzentrationen auf, wodurch die Pufferbelastung über 0,4 anstieg und der pH-Wert unter 7,5 absank. Unterhalb dieses pH-Wertes beginnt das System instabil zu werden und die Säurekonzentrationen bzw. die FOS/TAC-Werte sowie der pCO$_2$ korrelieren eng mit dem pH-Wert im Fermenter (siehe Abb. 69) (Hölker 2011). FOS/TAC-Werte zwischen 0,4 und 0,8 zeigen einen belasteten Prozess mit beginnender Hemmung an, wobei ab 0,8 Prozessversagen eintritt (Callaghan et al. 2002, Rieger & Weiland 2006). Bei Inputbelastungen von 42-45 kg oTS m^{-3} unter Monovergärung von sauren Substraten (09/09) sowie bei 71 kg oTS m^{-3} mit nur geringerem Anteil von saurem Substrat an der Inputmischung (02/10-1) führten pH-Werte zwischen 7,2 und 7,4 zu Lag-Phasen bis 150 h. Bei Inputmengen von 57-68 kg oTS m^{-3} überwiegend saurer Substrate (03/09 und 05/09) dauerte die Lag-Phase bei etwas niedrigeren pH-Werten, zwischen 6,8 und 7,0 etwa 200 h an. Solange der pH-Wert über 6,8 liegt, kann Methanbildung stattfinden und sich die Pufferkapazität erholen (Gerardi 2003, Hölker 2011). Sinkt der pH-Wert weit unter 6,8 ab, wird kaum mehr Methan gebildet. So wurde bei erhöhter Inputbelastung von 73 kg oTS m^{-3} aber ausgewogenem Substratmischungsverhältnis (12/08-3) über einen Zeitraum von etwa 400 h bei pH-Werten um 6,5 kaum Methanbildung gemessen.

Ab 72 kg oTS m^{-3} kam es bei 2/3 saurem Substrat am Gesamtinput (07/09) bzw. bei 96 kg oTS m^{-3} und ausgewogenem Substratmischungsverhältnis (02/10-3) mit pH-Werten unter 6,0 zum irreversiblen Versagen des Methanbildungsprozesses. Erst durch externe pH- und Pufferstabilisierung unmittelbar nach Absenkung der pH-Werte konnte sich der Prozess nach etwa 600 h unter ansteigender Methanbildung erholen.

Wurden die Säuren im Inputsubstrat neutralisiert (12/08-4) bzw. die pflanzlichen Strukturen als Biofilmträger bei hoher Anfangssäurebelastung hinzugegeben (09/09-2 und 02/10-4), konnte im Vergleich zur Kontrolle die Lag-phase deutlich verkürzt werden.

Obwohl die pH-Werte von 6,4-6,5 im flüssigen Fermenterinhalt (02/10-4) die Methanogenese inhibieren würden (Gerardi 2003), müssen die zugesetzten Oberflächen die methanbildenden Mikroorganismen geschützt haben. So konnte ein syntrophes Wachstum im Inneren der entstehenden Biofilme stattfinden (Batstone et al. 2004, Flemming & Wingender 2010) und die Säuren langsam unter Methanbildung abgebaut werden. Bereits nach 4 Tagen wurden steigende pH-Werte gemessen, was ohne zugesetzte Strukturoberflächen in Fermenter 3 bei Lauf 12/08 trotz geringerer Inputbelastung aber vergleichbaren Milieubedingungen wesentlich länger dauerte.

Exponentielle Phase

Ist die Synthese der essentiellen Zellbestandteile abgeschlossen und sind die Milieubedingungen tolerierbar, gehen die Zellen in die Teilungsphase über und vermehren sich im Idealfall exponentiell.

Der Methanbildungsverlauf (Steigung und Dauer) der einzelnen Batch-Fermentationen war von der Art und Menge der Substrate abhängig. Schnell lösliche Kohlenhydrate führten zu einem steilen und kurzen Anstieg in der Methanbildungsrate (siehe 09/09-3+4 und 05/10), während schwer- bis unlösliche Verbindungen wie Proteine, Fette oder Cellulose, die erst langsam in Monomere zerlegt werden (Weiland 2010), einen flacheren und längeren Methanbildungsverlauf zeigten (siehe 09/09-1+2 und 05/10). Die verschiedenen Stoffwechselstufen (Hydrolyse, Acidogenese, Acetogenese und Methanogenese) liefen während einsetzender Methanbildung gleichberechtigt nebeneinander ab, wodurch sich die Neubildung und der Abbau von Säuren die Waage hielten.

Bei steigenden pH-Werten zwischen 7,5 und 7,9 stieg die Methanproduktivität bei sinkender Pufferbelastung (0,5-0,1) und abnehmenden Kohlenstoffdioxidpartialdruck (80 hPa-30 hPa) kontinuierlich an (Abb. 69). Bei den Batch-Fermentationen war um pH 7,6 mit Kohlenstoffdioxidpartialdrücken um 80 hPa und Pufferbelastungen zwischen 0,3 und 0,4 der steilste Anstieg in der Methanbildungsrate (Abb. 69) bei gleichzeitig größtem Säureabbau zu messen. Durch die Aufrechterhaltung gleichbleibender Umgebungsbedingungen (kontinuierlicher Betrieb) kann das Wachstum der Zellen in der exponentiellen Phase und deren Stoffwechselleistung auf konstant hohem Niveau gehalten werden. Bei kontinuierlicher Fermentation wurde der größte Anstieg in der Methanbildungsrate bei Pufferbelastungen um 0,2 erreicht. Eine Substratmischung aus Speiseresten und Altbrot (03/11) sorgte,

Diskussion

vermutlich durch die löslichen Kohlenhydrate im Altbrot, für eine höhere Methanbildungsrate im Vergleich zur Monovergärung von Speiseresten (09/10). Dabei lag der pH-Wert mit 7,7 etwa 0,15 pH-Einheiten niedriger als bei der Speiserestemonovergärung. Der höhere N-Gehalt im Substrat der Monovergärung dürfte für eine größere Ammonium/Ammoniak-Konzentration und einen höheren pH-Wert gesorgt haben. Der pCO_2 (80-100 hPa) lag im kontinuierlichen Betrieb während der höchsten Produktivität (03/11) über dem pCO_2 der Batch-Versuche. Durch fortschreitende Prozessbelastung (im Gegensatz zum Batch-Betrieb) dürfte eine Übersättigung des flüssigen Fermenterinhaltes mit CO_2 vorgelegen haben. Übersteigt die Säureproduktion aufgrund kontinuierlicher Substratzufuhr deren Abbau, nimmt die Methanproduktivität ab und der Prozess geht in die stationäre Phase über.

Stationäre Phase

Das exponentielle Wachstum mit hoher Methanbildungsrate wird bei Batch-Fermentationen in erster Linie durch Nahrungsmangel und im kontinuierlichen Prozess durch hemmende Stoffwechselprodukte (z.B. Säuren) begrenzt. Generell ging in den Batch-Versuchen ab Erreichen eines stabilen pH-Wertes (~ 7,8) und Pufferbelastungen unter 0,2 die Methanbildungsrate bei zugleich geringem CO_2-Partialdruck zurück. Es ist anzunehmen, dass der Methanbildungsprozess einer CO_2-Limitierung unterliegt. In der Batch-Fermentation 05/09 war bereits ab pH 7,7 nur noch marginale Methanbildung zu messen (~0,05 Nl h^{-1}), da v.a. die Essigsäure vollständig abgebaut war. Es konnte so kein CO_2 mehr nachgeliefert werden, sodass das gelöste CO_2 im flüssigen Fermenterinhalt unter die theoretischen Werte reduziert wurde (Abb. 52 bzw. 67).

Bei der Maismonovergärung (05/10) sank der pH-Wert zum Ende des Versuchs von 7,8 auf 7,6 ab. Vermutlich hat sich der N-Gehalt im Gärmedium durch Ammoniakausgasung verringert und wurde durch das vergleichsweise stickstoffarme Substrat (Maissilage) nicht nachgeliefert. Daraus resultierten gegen Ende eine geringere Ammoniak/Ammonium-Konzentration, eine verminderte Pufferkapazität und niedrigere pH-Werte im Vergleich mit der Gülle- bzw. Speiserestevergärung (Georgacakis et al. 1982, Voß et al. 2009).
Bei der kontinuierlichen Fermentation äußerte sich diese Phase durch nachlassende Methanbildungsraten und ansteigende Säurekonzentrationen bei ähnlichen pH-Werten wie in der Lag-Phase der Batch-Fermentation. Die auftretende Schaumbildung in den ersten beiden Fermentern des kontinuierlichen Laufs 09/10 war bei hoher Gesamtkonzentration organischer Säuren von über 15.000 mg L^{-1} vor allem auf die seifenbildende Eigenschaft der Salze langkettiger Monocarbonsäuren zurückzuführen (Zeeck et al. 2000).

Absterbe-Phase

Dauert die Stationäre- bzw. die Lag-Phase zu lange an, sterben aufgrund Nahrungsmangel oder toxischen Stoffwechselprodukten vermehrt Zellen ab. Ab einer Gesamtsäurekonzentration von 10.000 mg L^{-1} kann es zum Absinken des pH-Wertes auf unter 7,0 kommen (Linke et al. 2003, Voß et al. 2009). Bei einem pH-Wert unterhalb von 6,9 und steigenden FOS/TAC-Werten ab 0,8 konnte, wie auch in der Literatur belegt (Callaghan et al. 2002, Gerardi 2003, Rieger & Weiland 2006), sowohl bei den Batch als auch bei den kontinuierlichen Versuchen Prozessversagen festgestellt werden (Abb. 69, 76 und 79).

4.2.2 Effizienz der Vergärung

Die Höhe des Methanertrags war von der Substratart und von der Inputmenge abhängig. Aufgrund mangelnder Standardisierbarkeit von Speiseresten ist der Vergleich zwischen gemessenen und theoretisch möglichen Methanerträgen (nach Angabe des KTBL) nicht zweckmäßig. Dennoch wurden die Angaben der Vollständigkeit halber in Tabelle 9 und den Abbildungen 75, 81 und 83 aufgenommen.

Bei steigender Belastung des Fermentationsprozesses mit organischer Substanz wurde der Unterschied zwischen gemessenen und bilanzierten Methanerträgen immer größer. Zudem lag der Methanertrag aus der Energiedifferenz stets über dem der Kohlenstoffbilanzierung. Eine mögliche Erklärung dafür könnte sein, dass grundsätzlich zu Beginn von Batch-Fermentationen ein Anstieg der Wasserstoffkonzentration im Gas gemessen werden kann (Angelidaki et al. 1993, Hölker 2011). Zudem wird bei steigenden Belastungen und niedrigen pH-Werten während der Lag-Phase die Bildung von Wasserstoff forciert und kann im zweistelligen Prozentbereich in der Gasphase zu finden sein (Lee et al. 2008, Liu et al. 2009). Bei kontinuierlicher Prozessführung ist es möglich, dass die Wasserstoffkonzentration bei Raumbelastungen bis 3 kg oTS m^{-3} d^{-1} schon 1 % im Biogas ausmacht (Schöftner et al. 2007). Dieser ungenutzte Wasserstoff ist für den Methanbildungsprozess verloren, was dessen Ertrag um bis zu 30 % verringern kann (Buschmann & Busch 2011). Bei Prozessüberlastung und reduziertem pH-Wert ist im Fermenterinhalt zudem eine hohe Konzentration an CO_2 vorhanden (siehe Abb. 85), welche zusammen mit dem Wasserstoff nicht effizient durch die hydrogenotrophe Methanbildung genutzt werden kann. Außerdem wird bei hohem Wasserstoffpartialdruck der Abbau organischer Säuren beeinträchtigt (siehe Abb. 10) (Bischofsberger et al. 2005,

Franke et al. 2008, Schink 1997, Stams & Hansen 1984). In Folge dessen steigt die Bedeutung von syntroph interagierenden Gemeinschaften an (Bauer et al. 2008, Lebuhn et al. 2008a, Nath & Das 2004, Schink 1997). Das verstärkte Biofilmwachstum bei höheren Prozessbelastungen könnte zum größer werdenden Unterschied bei der Kohlenstoffbilanzierung beigetragen haben. Durch mikrobielles Wachstum können bis zu 10 % der organischen Substanz in Zell- bzw. Biofilmbiomasse umgewandelt werden, die dadurch nicht mehr zur Gasbildung zur Verfügung stehen (Gerardi 2003, Keymer & Schilcher 1999). Aufgrund der Probennahme durch das Tauchrohr wurde die organische Substanz in aufschwimmendenen bzw. sedimentierten Biofilmen nicht erfasst. Nur bei geringer Prozessbelastung waren die Unterschiede in den Methanerträgen der biofilmreichen Fermenter größer als in den Kontrollen. Dies könnte daran gelegen haben, dass die Biofilme in gleichem Umfang vorhanden waren wie bei höherer Prozessbelastung, aber für eine effiziente Umwandlung der vorhandenen Energie in Methan nicht notwendig gewesen wären. Zusätzlich ist es denkbar, dass unter hoher Säurebelastung während der Fermentation geringe Konzentrationen an flüchtigen organischen Säuren mit dem Biogas abgeführt wurden (Deublein & Steinhauser 2008, Gerardi 2003). Die Folge wäre auch eine größere Differenz zwischen gemessenem und errechnetem Methanertrag. Unter Berücksichtigung aller gasförmigen Verbindungen im Biogas und der Analyse von aussagekräftigen Stichproben des gesamten homogenen Fermenterinhaltes dürfte sich der errechnete Methanertrag sehr stark dem tatsächlichen annähern.

Da Wasserstoff in wässrigem Milieu kaum löslich ist (Trautwein et al. 1999), ist nicht dessen Produktion, sondern die effiziente und störungsfreie Weitergabe des produzierten Wasserstoffs zwischen den Mikroorganismen entscheidend. Daher scheint eher die Konzentration an gelöstem CO_2 für den Umfang der Methanproduktion ausschlaggebend zu sein. Innerhalb des Bicarbonatpuffers liegt bei pH 8,0 vor allem HCO_3^- und in geringeren Mengen gelöstes CO_2 vor (Abb. 85). Während bei pH-Werten < 8,0 vermehrt HCO_3^- protoniert wird, steigt die CO_2-Konzentration in Lösung bis pH 7,0 auf etwa 32 % ($10^{-0,5}$ mol l^{-1}) an. Die höchsten Steigerungen in der Methanbildung wurden bei pH-Werten zwischen 7,6-7,8 gemessen, in denen der pCO_2 bei etwa 80 hPa lag und noch ausreichend Säuren für den syntrophen Abbau vorhanden waren (Abb. 69).

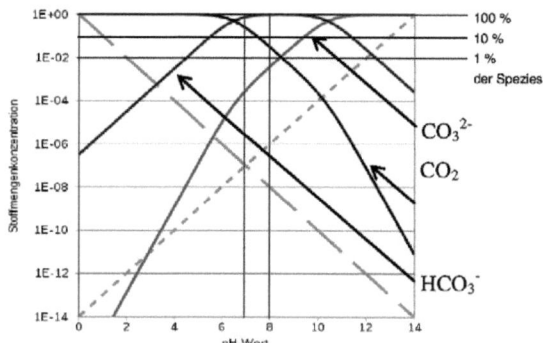

Abb. 85: Hägg-Diagramm: Doppelt logarithmische Darstellung der Stoffmengen-konzentrationen der Gleichgewichtsformen (Spezies) im Bicarbonatpuffer abhängig vom pH-Wert. Schwarz: CO_2, violett: HCO_3^-, blau: CO_3^{2-}, gestrichelt: H^+, gepunktet: OH^-; rot: pH-Bereich der Methanogenese, verändert nach Wikipedia (2010).

Bei reduzierter Prozessbelastung aber nahezu identischen Inputsubstraten wurde ein geringerer absoluter, aber ein höherer spezifischer Methanertrag erreicht (vgl. 05/09 und 03/09) (Franke et al. 2008, Kastner & Schnitzhofer 2011, Keymer 2005). Trotz Erhöhung des Gesamtinputs konnte, unter

Verwendung einer ausgewogenen Substratmischung (02/10-1), der spezifische Methanertrag (gegenüber 09/09-1) gesteigert werden. Sind die Inputsubstrate leichter abbaubar, wurde die Sättigung des Methanertrags schneller erreicht (09/09-3 und 02/10-1 gegenüber 09/09-1 und 05/10). Dieser Effekt konnte durch Aufbasung saurer Substrate ebenfalls erzielt werden, allerdings mit möglicherweise geringeren Methanausbeuten durch Kohlenstoffbindung in Salzen und Carbonaten (12/08) (Gerardi 2003, Hart et al. 2007, Zeeck et al. 2000).

Durch zugesetzte pflanzliche Strukturen als Biofilmträger konnten die spezifischen Methanerträge deutlich erhöht und die Abbaugrade organischer Substanz bei zunehmendem Input von etwa 60 % auf 70 % gesteigert werden. Der spezifische Methanertrag wurde rechnerisch geschmälert, da die pflanzlichen Strukturen zum organischen Input gerechnet, aber nur im geringen Umfang durch den Fermentationsprozess abgebaut wurden. Generell wurden durch die Zugabe von Strukturoberflächen die Säuren im Fermenter (z.B. 09/09-2) schneller abgebaut, woraufhin die Methanbildung früher einsetzte als in den Kontrollen. Im mikrobiellen Stoffwechsel werden zunächst verfügbare Kohlenstoffverbindungen für den Aufbau von Zellkomponenten und Biofilmstrukturen verwendet (Madigan et al. 2000). Biofilme können über eine sehr hohe Zelldichte verfügen (Wang et al. 2010), die jene in flüssigem Fermenterinhalt übersteigen kann (Sasaki et al. 2007), womit ein erheblicher Teil des organischen Inputs auf Oberflächen gebunden wäre (Gerardi 2003, Keymer & Schilcher 1999). Aus diesem Grund kann gerade bei geringer Prozessbelastung (höchster FOS/TAC $\leq$ 0,3) durch die Biofilmbildung auf den angebotenen Strukturoberflächen der Methanertrag gegenüber den Kontrollen geschmälert worden sein (09/09 und 02/10-1+2). Die Kombination aus Biofilmträgern und Aufbasung von sauren Speiseresten

(12/08-2) hat gegenüber der bloßen Vergärung von sauren Speiseresten (12/08-3) einen deutlichen Methanmehrertrag von 10 % ergeben. Innerhalb von Biofilmen könnte unter niedrigeren pH-Werten als in der umgebenden Fermenterflüssigkeit (Jäckel 2009) der Kohlenstoff aus Fettsäuresalzen oder Carbonaten in gewissem Umfang für die Methanbildung mobilisiert worden sein (Hart et al. 2007, Zeeck et al. 2000). So konnte auch ein höherer Methanertrag bei der Vergärung von faserreichen Küchenabfällen erzielt werden (Li et al. 2009).

Bereits bewachsene Biofilmträger erzielten im Lauf 03/09 gegenüber unbewachsener Biofilmträger einen 9,3 % höheren spezifischen Methanertrag. Auch in 05/09 konnte dieser Effekt nachgewiesen werden, der vermutlich bei frischer Substratzufuhr auf die Kombination von Biofilmneubildung und Reaktivierung der bereits bestehenden Biofilme zurückzuführen war (Weiß et al. 2011).

Im kontinuierlichen Betrieb (03/11) konnte pro m^{-3}-Fermentervolumen und Tag ein Methanertrag von 1,4 Nm^3 erreicht werden, während in der Praxis von wenigstens 0,5-0,6 Nm^3 (Eder & Schulz 2006) und im Durchschnitt von etwa 1,1 Nm^3 ausgegangen werden kann (FNR 2009). Die höchste spezifische Methanausbeute wurde bei Raumbelastung von 2,16 kg oTS m^{-3} d^{-1} mit etwa 560 Nl CH_4 kg^{-1} oTS erzielt. Mit Raumbelastungen zwischen 2 und 3 kg oTS m^{-3} d^{-1} liegt die spezifische Ausbeute in der Praxis im Mittel bei 371 Nl CH_4 kg^{-1} oTS (FNR 2009), wenn auch ab Raumbelastungen von bereits 1,0 - 1,5 kg oTS m^{-3} d^{-1} mit einem Rückgang zu rechnen ist (Keymer 2005). Bei der Monovergärung von Speiseresten kann schon eine Raumbelastung von 3 kg oTS $m^{-3} d^{-1}$ zur Inhibierung durch zu starke Säurebildung führen (Lin et al. 2011), was in diesem Lauf bei 3,48 kg oTS m^{-3} d^{-1} der Fall war. Im vorherigen Fermentationslauf (09/10) verursachte die zweite Erhöhung des

Substratinputs auf 3,88 kg oTS m^{-3} d^{-1} bereits eine schleichende Prozessüberlastung. Bei den kontiniuierlichen Fermentationen konnte in den Fermentern mit Biofilmträgern, trotz einer effektivieren Verstoffwechselung der organischen Säuren, nicht die Wirkung aus den Batch-Fermentationen erzielt werden. Obwohl die Etablierung des kontinuierlichen Betriebs in einem Festbettreaktor nur etwa drei Wochen dauert (Najafpour et al. 2010), war die zugegebene Menge an Strukturoberflächen (~0,05-0,06 % der Gesamtmasse pro Woche) sehr gering. Es wäre ein Zeitraum von bis zu zehn Wochen unter konstant niedriger Raumbelastung nötig gewesen, um eine Äquilibrierung mit den Batch-Fermentationen bezüglich der Menge an Biofilmträgern (0,23-0,57 % Strukturmaterial an der Gesamtmasse) zu erreichen. Deshalb konnten sich die Biofilmträger nicht in ausreichend großer Menge in den Versuchsfermentern anreichern und wurden aufgrund technischer Gegegebenheiten (Substrateintrag und Rührwerk) zudem nicht gleichmäßig in den Fermenterinhalt eingerührt. Unter steigenden Prozessbelastungen war somit die Stoffwechselleistung der vorhandenen mikrobiellen Biofilme für eine eindeutige Wirkung nicht groß genug.

Diskussion

4.2.3 Bedeutung für die Praxis

Der Methanbildungsprozess ist bei der Vergärung von Mais aufgrund des langsamen Abbaus im Allgemeinen sehr stabil (siehe 05/10). Es traten trotz hoher organischer Beladung zu Anfang nur kurze Peaks in den Essigsäurekonzentrationen auf, während die Gesamtsäurebelastung meist im stabilen Bereich um 2.000 mg L^{-1} lag (Eder & Schulz 2006, Hölker 2011, Kämpfer & Weißenfels 2001). Aufgrund geringer N-Gehalte war die Ammoniak/Ammonium-Pufferkapazität und der pH-Wert im Vergleich mit der Gülle- bzw. Speiserestevergärung geringer (Georgacakis et al. 1982, Voß et al. 2009). Daraus kann man schließen, dass Anlagen, die auf nachwachsenden Rohstoffen basieren, bei spontan auftretenden hohen Säurebelastungen Probleme mit der Prozessstabilität bekommen können. Im Durchschnitt beträgt der TS-Gehalt bei Biogasanlagen auf Basis von nachwachsenden Rohstoffen etwa 8,3 % (Hölker 2011). Ab einem TS-Gehalt von über 10 % nimmt die Viskosität des Fermenterinhaltes stark zu, wodurch der Stoffaustausch verringert wird (siehe auch 05/10-4) und der Eigenstrombedarf (Rühren, Pumpen) stark ansteigt (FNR 2009, Köttner 2000).

Das Gärmedium von Fermenter 1 der Abfallvergärungsanlage Allgayer hatte zu Beginn des Praxisversuches einen TS-Gehalt von etwa 5,3 % mit 73,7 % organischem Anteil. Das Substrat wirkte sehr dünnflüssig und es fehlten die Biofilmträger, um einen stabilen Methanbildungsprozess auch bei höheren Raumbelastungen (Frear et al. 2011, Sasaki et al. 2006), vor allem bei Zufuhr von versauerten Speiseresten, zu gewährleisten (Behmel & Meyer-Pittroff 1996, He et al. 2007, Punal et al. 2001).

Im Fermenter 1 der Praxis-Biogasanlage Allgayer, in den Stroh in größeren Zugabemengen (~0,11 % der Gesamtmasse alle zwei Wochen) ähnlich den

Batch-Versuchen eingebracht wurde, konnte bei geringerer Prozessbelastung als in den kontinuierlichen Laborversuchen eine eindeutige Leistungssteigerung belegt werden. Außerdem war der Fermenterinhalt am Ende des Versuchszeitraumes nach knapp 100 Tagen ein viskoses und aktiv gasendes Gärmedium mit einem Trockensubstanzgehalt von 6,2 %. Aufgrund eines effektiveren Abbaus konnte der oTS-Gehalt auf 71,2 % reduziert werden. Die Raumbelastung von 2,8 kg oTS m^{-3} d^{-1} am Ende des Versuchszeitraumes lag im durchschnittlichen Bereich von 2-3 kg oTS m^{-3} d^{-1} der Praxis (Eder & Schulz 2006, FNR 2009). In Fermenter 1 der Praxisanlage wurde am Ende ein pH-Wert von 7,75 bei einem FOS/TAC von 0,19 gemessen, vergleichbar mit der durchschnittlichen Prozessbelastung deutscher Anlagen (pH: 7,72; FOS/TAC: 0,36; Hölker 2011). In kontinuierlichem Verfahren sind FOS/TAC-Werte < 0,45 charakteristisch für einen stabilen Prozess (Callaghan et al. 2002, Voß et al. 2009). Der absolute Methanertrag lag mit etwa 0,76 Nm^3 CH_4 m^{-3} d^{-1} im Mittelfeld (0,5-1,1 Nm^3 CH_4 m^{-3} d^{-1}) (Eder & Schulz 2006, FNR 2009) und der spezifische Methanertrag von rund 270 Nl kg^{-1} oTS bei etwa 72 % des Durchschnitts der untersuchten Biogasanlagen in Deutschland (FNR 2009).

Neben der gemeinsamen Vergärung von Speiseresten und strukturreichem Pflanzenmaterial (Lin et al. 2011) trägt auch die Co-Fermentation verschiedenster Abfälle aus der landwirtschaftlichen Produktion (Pagés Díaz et al. 2011, Zhang et al. 2011) sowie der Einsatz von Energiepflanzen (z.B. Mais und Zuckerrübe) mit unterschiedlichen Abbaugeschwindigkeiten (Hoffmann 2011, Sontheimer 2008) zur Prozessstabilität und positiven Auswirkungen auf den Methanertrag bei. Diese Synergieeffekte sind vermutlich auf den schützenden und stabilisierenden Einfluss der Biofilmträger auf den Fermentationsprozess zurückzuführen (Wang et al.

2010). Unter ökonomischen Gesichtspunkten kann so in der Praxis eine höhere Raumbelastung bzw. eine kürzere Verweilzeit gewählt werden, ohne den Gesamtprozess zu gefährden. Im Allgemeinen sollte auf eine konstante Prozessführung (siehe 1.2.2.2 und 1.2.2.3) geachtet werden, damit die Mikroorganismen in der exponentiellen Phase ihres Wachstums (siehe Abb. 1) gehalten werden. Dazu gehören u.a. neben einer angemessenen Raumbelastung eine ausgewogene Substratmischung mit Faseranteil sowie kurze Beschickungsintervalle, um Schwankungen in der Methanbildung (siehe Abb. 80) sowie gefährlich hohe Säurekonzentrationen (siehe Abb. 18) zu vermeiden.

4.3 Schlussfolgerungen

Die bekannten Stoffwechselstufen (Hydrolyse, Acidogenese, Acetogenese und Methanogenese) (Kapitel 1.1.2, Abb. 4) sind in allen Prozessstufen gleichzeitig, aber in unterschiedlicher Intensität vertreten. Die Ausprägung dieser Prozessstufen ist daher, bedingt durch die verschiedenen Wachstumsgeschwindigkeiten der heterogenen mikrobiellen Stoffwechselgemeinschaft (Kapitel 1.1.1, Abb. 3), vor allem von der Substratinputmenge bzw. der Höhe der Raumbelastung abhängig.

Falls das Fermentermilieu lange Zeit außerhalb des Toleranzbereichs der methanogenen Gemeinschaft liegt, stirbt diese ab (Abb. 86).

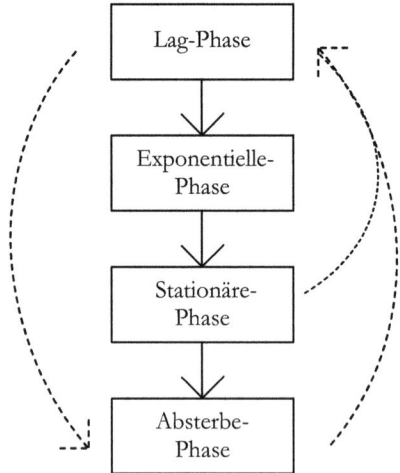

Abb. 86: Prozessstufen, -phasen der Methanbildung (schematisch); gestrichelte Pfeile: Ungleichgewicht im Vergärungsprozess, nach Madigan et al. (2000).

Abhängig von der Betriebsweise wird eine maximale Methanbildungsrate durch steigende bzw. sinkende pH-Werte erreicht (Abb. 87). Im Batch-Betrieb (roter Pfeil) wird ausgehend von niedrigen pH-Werten in der Lag-Phase unter Abbau der Säuren und steigenden pH-Werten eine Zunahme in der Methanbildungsrate beobachtet. Sind die meisten Säuren verstoffwechselt geht bei höherem pH-Wert die Methanbildungsrate schnell zurück. Bei der kontinuierlichen Betriebsweise sorgt die Bildung von Säuren nach Substratzufuhr für sinkende pH-Werte und zunehmende Methanbildung. Bei zu hoher Prozessbelastung geht die Methanbildungsrate bei weiter sinkenden pH-Werten wieder zurück. Die in Kapitel 4.2.1 beschriebenen Prozessstufen werden daher zu unterschiedlichen Zeitpunkten im Fermentationsprozess erreicht.

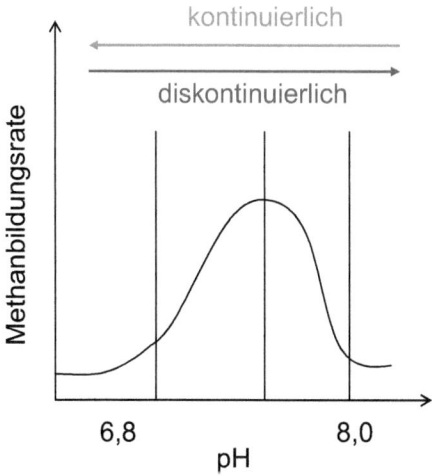

Abb. 87: Schematischer Verlauf der Methanbildungsrate abhängig vom pH-Wert bei diskontinuierlicher (roter Pfeil), und kontinuierlicher (grüner Pfeil) Betriebsweise.

Schlussfolgerungen

Die Methanausbeuten und -bildungsraten unterscheiden sich nach Substratart (Eder & Schulz 2006) bzw. nach der Löslichkeit der darin enthaltenen Verbindungen (Weiland 2010). Schnell abbaubare Abfälle der Nahrungsmittelindustrie können bereits nach etwa 15 Tagen bis zu 70 % des Methanertrags erzielen (Neves et al. 2008, Siddiqui et al. 2011). Bei einem höheren Fettanteil kann dies aber wesentlich länger dauern (Neves et al. 2008). Im Vergleich dazu sollten Energiepflanzen mindestens 42 Tage im Gärprozess bleiben (Eder & Schulz 2006). Somit ergibt sich für jedes Substrat bzw. je nach Anteil der enthaltenden Verbindungen eine charakteristische Abbaukurve bzw. Methanbildungsverlauf, die bei diskontinuierlicher Betriebsweise deutlich wird (Abb. 88). Am schnellsten können Säuren aus Silagen oder Substratmischungen in Methan umgesetzt werden. Abhängig von der Löslichkeit der unterschiedlichen Stoffgruppen folgen kurzkettige Kohlenhydrate, Proteine, Fette und zuletzt Cellulose. Mischungen aus verschiedenen Substraten können so eine schnelle und konstant hohe Methanproduktion bei ausreichender Nährstoffversorgung gewährleisten, ohne den Gärprozess zu überlasten.

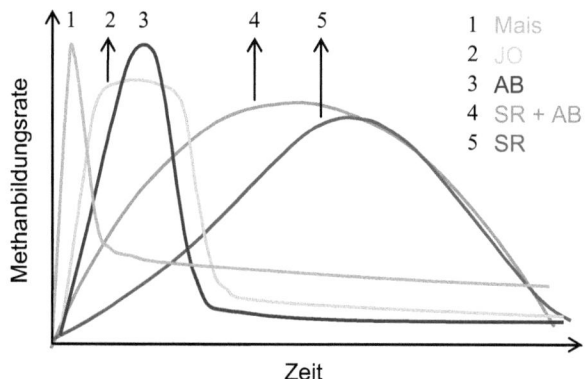

Abb. 88: Schematisch: Methanbildungsraten bei diskontinuierlicher Vergärung verschiedener Substrate abhängig von der Verweilzeit unter Berücksichtigung der Prozessbelastung. Die Fläche unterhalb der Methan-bildungskurve beschreibt das Methanpotential des je-weiligen Substrats.

Für eine optimale Methanproduktion ist neben der Wahl der Substratmischung eine gewisse Prozessbelastung notwendig (FOS/TAC ≥ 0,2; siehe Abb. 69). Hohe Substratinputmengen können aber zu hohen Säurekonzentrationen führen (Bischofsberger et al. 2005, Eder & Schulz 2006, Schink 1997), die den Methanbildungsprozess beeinträchtigen (09/09-1) und sogar massiv stören können (07/09-2 und 02/10-3). Dies kann vor allem beim Einsatz von sauren Substraten wie Speiseresten und Joghurt mit pH-Werten zwischen 3,9 und 4,2 der Fall sein (Görisch & Helm 2007, Hölker 2009, Li et al. 2009).

Fettsäuren, die vor allem in den Fetten der Speisereste vermehrt enthaltenen sind, werden über langsame syntrophe β-Oxidation (Dröge et al. 2008, Gerardi 2003, Madigan et al. 2000, Schink 1997) in erster Linie von Biofilm-Mikroorganismen abgebaut (Flemming & Wingender 2010).

Daher beschleunigt der Einsatz von Biofilmträgern deren Abbauprozess und sorgt für höhere pH-Werte (Andersson & Bjornsson 2002). Dieser Effekt, der auch für die mesophile Speiserestevergärung nachgewiesen werden konnte (Lin et al. 2011), war bei mehr Biofilmträgern im Fermenter größer (≥ 0,43 % der Gesamtbiomasse in 12/08 und 02/10) als bei einem kleineren Angebot (~ 0,23 % der Gesamtbiomasse in 03/09). Vor allem wurde bei geringer Prozessbelastung der Bereich der optimalen Methanproduktion schneller durchschritten (09/09-2), während unter hoher Prozessbelastung eine schnellere, stabilere und höhere Methanproduktion (07/09-1 und 02/10-4, 09/10-4) erzielt werden konnte.

In den strukturangereicherten Fermentern waren die Mikroorganismen in den Biofilmen vor den niedrigen pH-Werten des umgebenden Fermenterinhaltes geschützt (Batstone et al. 2004, Costerton et al. 1994, Flemming et al. 2007, Madigan et al. 2000, Sutherland 1985) und konnten unabhängig von Säureinput und -bildung die Methanproduktion aufrechterhalten, sodass sich keine (z.B. 12/08-1+2) oder verkürzte Lag-Phasen (z.B. 02/10-4) einstellten.

Beim direkten Vergleich von Maissilage mit den verschiedenen Speiseresten als Einsatzstoffe für die Biogasproduktion wird die Problematik der Speiserestevergärung deutlich. Bei ähnlicher Raumbelastung sind die Säurekonzentrationen des anaeroben Fermentationsprozesses bei der Speiserestevergärung mehrfach höher und beanspruchen die Pufferkapazität im Fermenter weitaus stärker. Daher kommt gerade hier den schützenden Besiedlungsoberflächen für Biofilme eine besondere Bedeutung zu. Stroh und *Typha* erwiesen sich als geeignete Strukturoberflächen um das Fermentervolumen stärker zu belasten und einen höheren Methanertrag zu erzielen, ohne die Stabilität des Fermentationsprozesses zu gefährden. Zudem dürften die zusätzlichen Biofilmträger bei der Vergärung von nachwachsenden Rohstoffen mit ohnehin schon faserreichem Material, selbst bei höheren Raumbelastungen, eine eher untergeordnete Rolle spielen.

5 Literatur

Ahring BK, Sandberg M, Angelidaki I, 1995. Volatile fatty acids as indicators of process imbalance in anaerobic. *Applied Microbiology and Biotechnology* **43**: 559-565.

Albertson OE, 1961. Ammonia nitrogen and the anaerobic environment. *Journal Water Pollution Control Federation* 978-995.

Andersson J, Bjornsson L, 2002. Evaluation of straw as a biofilm carrier in the methanogenic stage of two-stage anaerobic digestion of crop residues. *Bioresource Technology* **85**: 51-56.

Andreesen JR, 1980. Role of selenium, molybdenum and tungsten in anaerobes. In: Gottschalk G. (ed) Anaerobes and Anaerobic Infections. Gustav Fischer Verlag, Stuttgart, pp. 31-40.

Angelidaki I, Ahring BK, 1994. Anaerobic thermophilic digestion of manure at different ammonia loads: Effect of temperature. *Water Research* **28**: 727-731.

Angelidaki I, Ahring BK, 2000. Methods for increasing the biogas potential from the recalcitrant organic matter contained in manure. *Water Science and Technology : A Journal of the International Association on Water Pollution Research* **41**: 189-194.

Angelidaki I, Ellegaard L, Ahring BK, 1993. A mathematical model for dynamic simulation of anaerobic digestion of complex substrates: focusing on ammonia inhibition. *Biotechnology and Bioengineering* 159-166.

Anzer T, Prechtl S, Schneider R, Winter J, Graf zu Eltz C, Faulstich M, 2003. Erfahrungen bei der thermophilen Vergärung von nachwachsenden Rohstoffen und Substraten mit hohem Stickstoffgehalt. *Biogas Journal 2/03* 10-12.

Atkins PW, Jones L, 2006. *Chemie - Einfach Alles.* WILEY-VCH, Weinheim.

Bagi Z, Acs N, Balint B, Hovrath L, Dobo K, Perei KR, Rakhely G, Kovacs KL, 2007. Biotechnological intensification of biogas production. *Applied Microbiology and Biotechnology* 473-482.

Balsari P, Dinuccio E, Gioelli F, 2011a. Coverage of digestate storage tanks: why it is necessary and technical solutions. *Progress in Biogas II - Stuttgart-Hohenheim.*

Balsari P, Menardo S, Airoldi G, 2011b. Effect of physical and thermal pre- treatment on biogas yield of some agricultural by-products. *Progress in Biogas II - Stuttgart-Hohenheim*.

Batstone DJ, Keller J, Blackall LL, 2004. The influence of substrate kinetics on the microbial community structure in granular anaerobic biomass. *Water Research* **38**: 1390-1404.

Bauer C, Korthals M, Gronauer A, Lebuhn M, 2008. Methanogens in biogas production from renewable resources - a novel molecular population analysis approach. *Water Science and Technology : A Journal of the International Association on Water Pollution Research* 1433-1439.

Bauer C, Lebuhn M, Gronauer A, 2009. Mikrobiologische Prozesse in landwirtschaftlichen Biogasanlagen. *Schriftenreihe Der Bayerischen Landesanstalt Für Landwirtschaft*.

Bauermeister U, Paul A, 2010. Rezyklatwasser: Reduzierung des Risikos von Gärhemmungen. *Biogas Journal 1/10* 82-85.

Behmel U, Meyer-Pittroff R, 1996. Risiken bei der Cofermentation organischer Reststoffe in Biogasanlagen. *Korrespondenz Abwasser* 2172-2179.

Bengelsdorf F, 2010. Ursachen für Schaumbildung im Fermenter - Institut für Mikrobiologie und Biotechnologie der Universität Ulm. *Persönliche Mitteilung*.

Bengelsdorf F, 2011. Characterization of the microbial community in a biogas reactor supplied with organic residues. *Dissertation*.

Bensmann M, 2011. Kleine Dosis im Erdgasnetz. *Biogas Journal 3/11* 28-36.

Bernhardt H, Knoke M, 1988. *Humanpathogene Anaerobier*. VEB G. Fischer Verlag, Jena.

Bischofsberger W, Dichtl N, Rosenwinkel K-, Seyfried CF, Böhnke B, 2005. *Anaerobtechnik*. Spektrum Akademischer Verlag, Berlin, Heidelberg.

Bjornsson L, Murto M, Mattiasson B, 2000. Evaluation of parameters for monitoring an anaerobic co-digestion process. *Applied Microbiology and Biotechnology* **54**: 844-849.

BMELV, 2011. Konferenz: Anspruch der Bioenergie an die EEG-Novellierung. *Pressemitteilung Vom 17.02.2011*.

BMU, 2011a. Kreislaufwirtschaft Abfall nutzen – Ressourcen schonen http://www.bmu.de/files/pdfs/allgemein/application/pdf/broschuere_kreisl aufwirtschaft_bf.pdf , accessed: 19.12.2011.

BMU, 2011b. Gesetz für den Vorrang Erneuerbarer Energien (Erneuerbare-Energien-Gesetz – EEG) http://www.bmu.de/files/pdfs/allgemein/ application/pdf/eeg_2012_bf.pdf; , accessed: 19.12.2011.

Böhm R, 1998. Die Bewertung von mesophilen und thermophilen Kofermentationsanlagen aus der Sicht der Hygiene. In: Märkl H., Stegmann R. (Hrsg) Technik anaerober Prozesse. DECHEMA, Frankfurt, pp. 215-230.

Böhnke E, 1993. *Anaerobtechnik*. Springer-Verlag, Berlin. Heidelberg.

Boone DR, Bryant MP, 1980. Propionate-degrading bacterium, Syntrophobacter wolinii sp. nov. gen. nov., from methanogenic ecosystems. *Applied and Environmental Microbiology* 626-632.

Braun R, 1982. *Biogas-Methangärung Organischer Abfallstoffe*. Springer-Verlag, Wien.

Bronner G, 2010. Bioenergie und Biodiversität - Naturschutzverträgliche Erzeugung von Gärsubstraten. *3. BBE-Symposium Für Bioenergie Und Nachhaltigkeit* .

Brückner C, 1997. Energie - nachhaltig und raumverträglich. Handlungsmöglichkeiten der Landesentwicklungsplanung in Nordrhein-Westfalen, Dortmund.

Bryant MP, Campbell LL, Reddy CA, Crabill MR, 1977. Growth of desulfovibrio in lactate or ethanol media low in sulfate in association with H2-utilizing methanogenic bacteria. *Applied and Environmental Microbiology* **33**: 1162-1169.

Buschmann J, Busch G, 2011. Optimization of operation concerning energy losses in double-stage fermentation processes. *Progress in Biogas II - Stuttgart-Hohenheim*.

Butler JN, 1964. Ionic equilibria, a mathematical approach. Addison-Wesley, London.

Caldwell DE, Atuku E, Wilkie DC, Wivcharuk KP, Karthiken S, Korber DR, Schmid DF, Wolfaardt GM, 1997. Germ theory vs. community theory in understanding and controlling the proliferation of biofilms. *Adv.Dent.Res.* 4-13.

Callaghan FJ, Wase DAJ, Thayanithy K, Forster CF, 2002. Continuous codigestion of cattle slurry with fruit and vegetable wastes and chicken manure. *Biomass and Bioenergy* **22**: 71-77.

Calli B, Mertoglu B, Inanc B, Yenigun O, 2005. Community changes during start-up in methanogenic bioreactors exposed to increasing levels of ammonia. *Environmental Technology* **26**: 85-91.

Campbell NA, Reece JB, Markl J, 2005. *Biologie.* Pearson Studium.

Chowdhury RBS, Uddin B, Chowdhury AK, 1995. Testing of kinetic models of biogas production for a semicontinuous digester using cowdung as feedstock. *Journal of Scientific & Industrial Research* **54**: 437-442.

Cord-Ruwisch R, Seitz H-J, Conrad R, 1988. The capacity of hydrogenotrophic anaerobic bacteria to compete for traces of hydrogen depends on the redox potential of the terminal electron acceptor. *Archives of Microbiology* 350-357.

Costerton JW, Lewandowski Z, de Beer D, Caldwell D, Korber D, James G, 1994. Biofilms, the customized microniche. *Journal of Bacteriology* 2137-2142.

Crutzen PJ, Mosier AR, Smith KA, Winiwarter W, 2008. N2O release from agro-biofuel production negates global warming reduction by replacing fossil fuels. *Atmos.Chem.Phys.* **8**: 389-395.

Cysneiros D, Thuillier A, Villemont R, Littlestone A, Mahony T, O´Flaherty V, 2011. Temperature effects on the trophic stages of perennial rye grass anaerobic digestion. *Progress in Biogas II - Stuttgart-Hohenheim.*

Danner W, 2011. Practical Experiences with the Digestion of Straw in 2-Stage AD Plants - Extension of the Value Chain. *Progress in Biogas II - Stuttgart-Hohenheim.*

Dehority BA, 1971. Carbon dioxide requirements of various species of rumen bacteria. *Journal of Bacteriology* 70-76.

Demirer GN, Chen S, 2004. Effect of retention time and organic loading rate on anaerobic acidification and biogasification of dairy manure. *Journal of Chemical Technology and Biotechnology* **79**: 1381-1387.

Deublein D, Steinhauser A, 2008. *Biogas from Waste and Renewable Resources - an Introduction.* WILEY-VCH, Weinheim.

Diaz EE, Stams AJ, Amils R, Sanz JL, 2006. Phenotypic properties and microbial diversity of methanogenic granules from a full-scale upflow anaerobic sludge bed reactor treating brewery wastewater. *Applied and Environmental Microbiology* **72:** 4942-4949.

Döhler H, Schliebner P, 2006. Verfahren und Wirtschaftlichkeit der Gärrestausbringung. In: Verwertung von Wirtschafts- und Sekundärrohstoffdüngern in der Landwirtschaft - Nutzen und Risiken. *KTBL-Schrift* 199-212.

Dröge S, Ewen A, Pacan B, 2008. Wenn es in Spuren mangelt. *Biogas Journal* 2/08 30-35.

Dubourguier HC, Archer DB, Albagnac G, Prensier G, 1988. Structure and metabolism of methanogenic microbial conglomerates. In: Hall E.R., Hobson P.N. (eds) Anaerobic-Digestion. Pergamon Press, Oxford, pp. 13-24.

Dubourguier HC, Samain E, Prensier G, Albagnac G, 1986. Characterisation of two strains of Pelobacter carbinolicus isolated from anaerobic digesters. *Archives of Microbiology* 248-253.

Durst L, Eberlein M, 2010. Silagen: Energie nicht verschenken. *Biogas Journal* 1/10 82-84.

Eder B, Schulz H, 2006. *Biogas Praxis - Grundlagen, Planung, Anlagenbau, Beispiele, Wirtschaftlichkeit.* Ökobuch, Staufen.

Effenberger M, Lebuhn M, Gronauer A, 2007. Fermentermanagement - Stabiler Prozess bei NawaRo-Anlagen. *Kongressband Der 16. Jahrestagung Des Fachverbands Biogas e.V.: Biogas Im Wandel, 31.1.-2.2.2007* 99-105.

Elasir MO, Miller RV, 1999. Study of the response of a biofilm bacterial community to UV radiation. *Applied and Environmental Microbiology* 2025-2031.

Fachverband Biogas e.V, 2011. Branchenzahlen 2010. http://www.biogas.org/edcom/webfvb.nsf/id/DE_Branchenzahlen, accessed: 31.11.2011.

Fehrenbach H, Giegrich J, Reinhardt G, Sayer U, Gretz M, Lanje K, Schmitz J, 2008. Kriterien einer nachhaltigen Bioenergienutzung im globalen Maßstab. *UBA-Forschungsbericht* 41-112.

Feng L, Yan Y, Chen Y, 2011. Co-fermentation of waste activated sludge with food waste for short-chain fatty acids production: effect of pH at ambient temperature. *Frontiers of Environmental Science & Engineering in China* 1-10.

Fernández A, Sánchez A, Font X, 2005. Anaerobic co-digestion of a simulated organic fraction of municipal solid wastes and fats of animal and vegetable origin. *Biochemical Engineering Journal* **26**: 22-28.

Ferry JG, Lessner DJ, 2008. Methanogenesis in marine sediments. *Annals of the New York Academy of Sciences* **1125**: 147-157.

Fey A, Claus P, Conrad R, 2004. Temporal change of 13C-isotope signatures and methanogenic pathways in rice field soil incubated anoxically at different temperatures. *Geochimica Et Cosmochimica Acta* 293-306.

Fischer T, Krieg A, 2005. Praxisbeispiele für Anlagen zur Vergärung von Gras und nachwachsenden Rohstoffen. *Biogas Journal 2/05* 28-30.

Flemming H-, 1993. Biofilms and environmental protection. *Water Science and Technology: A Journal of the International Association on Water Pollution Research* 1-10.

Flemming H-, Wingender J, 2010. The biofilm matrix *Nature Reviews Microbiology* 623-633.

Flemming H, Neu TR, Wozniak DJ, 2007. The EPS Matrix: The "House of Biofilm Cells". *J.Bacteriol.* **189**: 7945-7947.

FNR, 2011. *Basisdaten Bioenergie Deutschland.*, Gülzow.

FNR, 2009. *Biogas-Messprogramm II - 61 Biogasanlagen Im Vergleich (Johann Heinrich Von Thünen-Institut).*

FNR, 2008. Biogas Basisdaten Deutschland.

Franke M, Weger A, Faulstich M, 2008. Prozessregelung von Vergärungsanlagen mit Hilfe des Parameters Wasserstoff. *Messen, Steuern, Regeln Bei Der Biogaserzeugung, Gülzower Fachgespräche* **27**.

Frear C, Wang Z, Li C, Chen S, 2011. Biogas potential and microbial population distributions in flushed dairy manure and implications on anaerobic digestion technology. *Journal of Chemical Technology & Biotechnology* **86**: 145-152.

Frey R, 1998. *Lehrbuch Der Geobotanik.* Fischer-Verlag, Stuttgart.

Gaul T, 2011. Biomethan als Kraftstoff: Mit Vollgas aus der Nische? *Biogas Journal* 16-17.

Georgacakis D, Sievers DM, Iannotti EL, 1982. Buffer stability in manure digesters. *Agricultural Wastes* **4**: 427-441.

Gerardi MH, 2003. *The Microbiology of Anaerobic digesters.* John Wiley & Sons, New Jersey.

Gerhardt M, Pelenc V, Bauml M, 2007. Application of hydrolytic enzymes in the agricultural biogas production: results from practical applications in Germany. *Biotechnology Journal* **2**: 1481-1484.

Görisch U, Helm M, 2007. *Biogasanlagen – Planung, Errichtung Und Betrieb Von Landwirtschaftlichen Und Industriellen Biogasanlagen.* Ulmer, Stuttgart.

Gruber W, Linke B, Schelle H, Reinhold G, Keymer U, 2004. Gaserträge aus der Sicht der Praxis. *Die Landwirtschaft Als Energieerzeuger; KTBL-Schrift* 62-69.

Gujer W, Zehnder AJ, 1983. Conversion processes in anaerobic digestion. *Water Science and Technology: A Journal of the International Association on Water Pollution Research* 127-167.

Hansen KH, Angelidaki I, Ahring BK, 1999. Improving thermophilic anaerobic digestion of swine manure. *Water Research* 1805-1810.

Hao L, Lui F, He P, Li L, Shao L, 2011. Predominant Contribution of Syntrophic Acetate Oxidation to Thermophilic Methane Formation at High Acetate Concentrations. *Environmental Science & Technology* **45**: 508-513.

Harmsen HJ, Kengen HM, Akkermans AD, Stams AJ, de Vos WM, 1996. Detection and localization of syntrophic propionate-oxidizing bacteria in granular sludge by in situ hybridization using 16S rRNA-based oligonucleotide probes. *Applied and Environmental Microbiology* **62**: 1656-1663.

Harper SR, Pohland FG, 1986. Recent developments in hydrogen management during anaerobic biological wastewater treatment. *Biotechnology and Bioengineering* **28**: 585-602.

Hart H, Craine LE, Hart DJ, 2007. *Organische Chemie.* Wiley-VCH.

Hashimoto AG, 1983. Thermophilic and mesophilic anaerobic fermentation of swine manure. *Agricultural Wastes* **6**: 175-191.

Hashimoto AG, 1982. Methane from cattle waste: Effects of temperature, hydraulic retention time, and influent substrate concentration on kinetic parameter. *Biotechnology and Bioengineering* 2039-2052.

Hattori S, 2008. Syntrophic Acetate-Oxidizing Microbes in Methanogenic Environments. *Microbes and Environments* **23**: 118-127.

He PJ, Qu X, Shao LM, Li GJ, Lee DJ, 2007. Leachate pretreatment for enhancing organic matter conversion in landfill bioreactor. *Journal of Hazardous Materials* **142**: 288-296.

Hecht M, 2008. Die Bedeutung Des Carbonat-Puffersystems Für Die Stabilität Des Gärprozesses Landwirtschaftlicher Biogasanlagen. *Dissertation.*

Heiermann M, Schelle H, Plöchl M, 2002. Biogaspotenziale pflanzlicher Kosubstrate. *Bornimer Agrartechnische Berichte* 19-26.

Helffrich D, Oechsner H, 2003. Hohenheimer Biogasertragstest. *Agrartechnische Forschung* **9**: 27-30.

Henning H-G, Jugelt W, Sauer G, 1991. *Praktische Chemie - Ein Studienbuch für Biowissenschaftler.* Harri Deutsch.

Heo NH, Park SC, Lee JS, Kang H, Park DH, 2003. Single-stage anaerobic codigestion for mixture wastes of simulated Korean food waste and waste activated sludge. *Applied Biochemistry and Biotechnology* **105 -108**: 567-579.

Hobinger G, 1997. Kohlensäure in Wasser - Theoretische Hintergründe zu den in der Wasseranalytik verwendeten Parametern. BE-086a, 2. ergänzte Auflage. Bundesumweltamt Österreich, Wien.

Hoffmann C, 2011. Zuckerrüben sind Biogas-Booster. *Biogas Journal 1/11* 14-15.

Hoffmann RA, Garcia ML, Veskivar M, Karim K, Al-Dahhan MH, Angenent LT, 2008. Effect of shear on performance and microbial ecology of continuously stirred anaerobic digesters treating animal manure. *Biotechnology and Bioengineering* **100**: 38-48.

Hölker U, 2011. Auswertung, Interpretation und Qualität von Messdaten/Analysen in der Anlagenpraxis. *20. Jahrestagung Des Fachverband Biogas - Workshop 6.*

Hölker U, 2009. Rindergülle zeigt positive Einflüsse. *Biogas Journal 4/09* 68-71.

Holleman AF, Wiberg E, 1995. *Lehrbuch Der Anorganischen Chemie.* Gruyter.

IEA, 2006. World Energy Outlook.

Inanc B, Matsui S, Ide S, 1999. Propionic acid accumulation in anaerobic digestion of carbohydrates: An investigation on the role of hydrogen gas. *Water Science and Technology: A Journal of the International Association on Water Pollution Research* 93-100.

Jäckel A, 2009. Charakterisierung der chemisch-biologischen Bedingungen der Biogas-Fermentation. *Wissenschaftliche Arbeit Zum Staatsexamen* 32-45.

Jackson BE, Bhupathiraju VK, Tanner RS, Woese CR, McInerney MJ, 1999. Syntrophus aciditrophicus sp. nov., a new anaerobic bacterium that degrades fatty acids and benzoate in syntrophic association with hydrogen-using microorganisms. *Archives of Microbiology* 107-114.

Jäkel K, Mau S, 2003. Biogaserzeugung und -verwertung. Sächsische Landesanstalt für Landwirtschaft - Dresden.

Jansen JE, Bremmelgaard A, 1986. Effect of culture medium and carbon dioxide concentration on growth of anaerobic bacteria and medium pH. *Acta Path. Microbiol. Immunol. Scand. Sect. B.* 319-323.

Jenkins SR, Morgan JM, Sawyer CL, 1983. Measuring anaerobic sludge digestion and growth by a simple alkalimetric titration. *Journal Water Pollution Control Federation* 448-452.

Jones JB, Stadtman TC, 1981. Selenium-dependent and selenium-independent formate dehydrogenase of Methanococcus vannielii. *J. Biol. Chem.* 656-663.

Kaltschmitt M, Hartmann H, 2001. Energie aus Biomasse. Springer-Verlag, Berlin, Heidelberg.

Kämpfer P, Weißenfels WD, 2001. Biologische Behandlung Organischer Abfälle. Springer-Verlag, Berlin.

Karakashev D, Batstone DJ, Angelidaki I, 2005. Influence of environmental conditions on methanogenic compositions in anaerobic biogas reactors. *Applied and Environmental Microbiology* **71**: 331-338.

Karakashev D, Batstone DJ, Trably E, Angelidaki I, 2006. Acetate oxidation is the dominant methanogenic pathway from acetate in the absence of Methanosaetaceae. *Applied and Environmental Microbiology* 5138-5141.

Kaspar HF, Wuhrmann K, 1987. Product inhibition in sludge digestion. *Microbiol. Ecol.* 241-248.

Kastner V, Schnitzhofer W, 2011. Anaerobic Fermentation of Food Waste: Comparison of two Bioreactor Systems. *Chemical Engineering Transactions* 959-964.

Keymer U, 2005. Wirtschaftlicher Vergleich von Nachwachsenden Rohstoffen. LfL.

Keymer U, Schilcher A, 1999. Überlegungen zur Errechnung theoretischer Gasausbeuten vergärbarer Substrate in Biogasanlagen. *Landtechnik- Bericht*.

Klocke M, 2011. Monitoring Microbial Communities in Biogas Plants. *1st International Conference on Biogas Microbiology, Leipzig (Conference Transcript)* 21.

Koster IW, Cramer A, 1987. Inhibition of Methanogenesis from Acetate in Granular Sludge by Long-Chain Fatty Acids. *Applied and Environmental Microbiology* **53**: 403-409.

Kotsyurbenko OR, Friedrich MW, Simankova MV, Nozhevnikova AN, Golyshin PN, Timmis KN, Conrad R, 2007. shift from acetoclastic to H2-dependent methanogenesis in a west Siberian peat bog at low pH values and isolation of an acidophilic Methanobacterium strain. *Applied and Environmental Microbiology* **73**: 2344-2348.

Köttner M, 2000. Wenn die Biogasanlage plötzlich streikt. *Biogas, Top Agrar Extra* 64-66.

Krause L, Diaz NN, Edwards RA, Gartemann KH, Krömeke H, Neuweger H, Pühler A, Runte KJ, Schlüter A, Stoye J, Szczepanowski R, Tauch A, Goesmann A, 2008. Taxonomic composition and gene content of a methane-producing microbial community isolated from a biogas reactor. *Journal of Biotechnology* 91-101.

Kreysa G, 2010. Irrungen und Wirrungen um Biokraftstoffe. Biokraftstoffe sind nicht per se nachhaltig. *Chemie in Unserer Zeit* **44**: 332-338.

Kroiss H, 1986. *Anaerobe Abwasserreinigung. in: Wiener Mitteilungen Wasser, Abwasser, Gewässer 62*. Wien.

KTBL, 2011. Wirtschaftlichkeitsrechner Biogas. http://daten.ktbl.de/biogas/startseite.do?zustandReq=1&selectedAction=su bstrate#start. accessed: 02.2011.

KTBL, 2005. Gasausbeute in landwirtschaftlichen Biogasanlagen. *KTBL-Schrift* 24.

Krakat N, Westphal A, Schmidt S, Scherer P, 2010. Anaerobic digestion of renewable biomass: thermophilic temperature governs population dynamics of methanogens. *Applied and Environmental Microbiology* **76**: 1842-1850.

Kühner H, 1998. Kofermentation. Kuratorium für Technik und Bauwesen in der Landwirtschaft. Arbeitspapier 249, Darmstadt.

Lamed R, Naimark J, Morgenstern E, Bayer EA, 1987. Specialized cell surface structure in cellulolytic bacteria. *Journal of Bacteriology* 3792-3800.

Latscha HP, Linti GW, Klein HA, 2003. *Analytische Chemie - Chemie Basiswissen III*. Springer, Berlin.

Laukenmann S, Polag D, Heuwinkel H, Greule M, Gronauer A, Lelieveld J, Keppler F, 2010. Identification of methanogenic pathways in anaerobic digesters using stable carbon isotopes. *Engineering in Life Sciences* **10**: 509-514.

Lebuhn M, Bauer C, Gronauer A, 2008a. Probleme der Biogasproduktion aus nachwachsenden Rohstoffen im Langzeitbetrieb und molekularbiologische Analytik. *VDLUFA-Schriftenreihe* 118-125.

Lebuhn M, Gronauer A, 2009. Microorganisms in the biogas-process - the unknown beings. *Agricultural Engineering* 127-130.

Lebuhn M, Liu F, Heuwinkel H, Gronauer A, 2008b. Biogas production from monodigestion of maize silage - long-term process stability and requirements. *Water Science and Technology : A Journal of the International Association on Water Pollution Research* 1645-1651.

Lee H, Salerno MB, Rittmann BE, 2008. Thermodynamic Evaluation on H2 Production in Glucose Fermentation. *Environmental Science & Technology* **42**: 2401-2407.

Li C, Champagne P, Anderson BC, 2011. Evaluating and modeling biogas production from municipal fat, oil, and grease and synthetic kitchen waste in anaerobic co-digestions. *Bioresource Technology* **102**: 9471-9480.

Li R, Chen S, Li X, Lar JS, He Y, Zhu B, 2009. Anaerobic Codigestion of Kitchen Waste with Cattle Manure for Biogas Production. *Energy & Fuels* **23**: 2225-2228.

Li Z, Mang H-, Cheng S, 2011. Biogas Development in China: International Cooperation to Up-Scale the Technology. *Progress in Biogas II - Stuttgart-Hohenheim* .

Liebeneiner R, Luthardt-Behle T, Theilen U, 2008. Trockenfermentation: Thermophil versus mesophil. *Biogas Journal 3/08* 38-39.

Liebetrau J, Clemens J, Cuhls C, Hafermann C, Friehe J, Weiland P, Daniel-Gromke J, 2010. Methane emissions from biogas-producing facilities within the agricultural sector. *Engineering in Life Sciences* **10**: 595-599.

Lin J, Zuo J, Gan L, Li P, Liu F, Wang K, Chen L, Gan H, 2011. Effects of mixture ratio on anaerobic co-digestion with fruit and vegetable waste and food waste of China. *Journal of Environmental Sciences* **23**: 1403-1408.

Lindorfer H, Waltenberger R, Kollner K, Braun R, Kirchmayr R, 2008. New data on temperature optimum and temperature changes in energy crop digesters. *Bioresource Technology* .

Linke B, Heiermann M, Grundmann P, Hertwig F, 2003. Grundlagen, Verfahren und Potenzial der Biogasgewinnung im Land Brandenburg. In: Biogas in der Landwirtschaft - Leitfaden für Landwirte und Investoren im Land Brandenburg. Ministerium für Landwirtschaft, Umweltschutz und Raumordnung des Landes Brandenburg (Ed.), Potsdam, pp. 10-23.

Linke B, Mähnert P, 2005. Einfluss der Raumbelastung auf die Gasausbeute von Gülle und Nachwachsenden Rohstoffen. *14. Jahrestagung Des Fachverband Biogas.*

Linke B, Mumme J, Vollmer G-, Walte A, 2005. Prozesssteuerung von Biogasanlagen mit Kofermentation. *Bornimer Agrartechnische Berichte* 35-83.

Liu F, Lebuhn M, Gronauer A, 2009. Process control of an anaerobic hydrolysis-acidogenesis phase of a two-stage fermenter system treating maize silage. *Internationale Wissenschaftstagung - Biogas Science 2009* **3**: 655-661.

Loewe K, 2009. Möglichkeiten und Grenzen kontinuierlich betriebener Hydrolysestufen. *IBBK-Tagung „Wirtschaftliche Optimierung Für Biogasanlagen" Merseburg.*

Lynd LR, Weimer PJ, van Zyl WH, Pretorius IS, 2002. Microbial cellulose utilization: fundamentals and biotechnology. *Microbiology and Molecular Biology Reviews: MMBR* **66**: 506-77, table of contents.

MacLeod FA, Guiot SR, Costerton JW, 1990. Layered structure of bacterial aggregates produced in an upflow anaerobic sludge bed and filter reactor. *Applied and Environmental Microbiology* **56**: 1598-1607.

Madigan MT, Martinko JM, Parker J, Brock TD, 2000. *Mikrobiologie.* Spektrum Akademischer Verlag, Heidelberg.

Märkl H, Friedmann H, 2006. Biogasproduktion. In: Angewandte Mikrobiologie (G. Antranikian, ed.). Springer-Verlag, Berlin, pp. 459-487.

Mata-Alvarez J, Mace S, Llabres P, 2000. Anaerobic digestion of organic solid wastes. An overview of research achievements and perspectives. *Bioresource Technology* 3-16.

McCarthy PL, Smith DP, 1986. Anaerobic wastewater treatment. *Environ. Sci. Technol.* 1200-1206.

McCarty PL, 1964. Anaerobic waste treatment fundamentals: II, Environmental requirements and control. *Public Works* 123-126.

McInerney MJ, 1992. The genus Syntrophomonas and other syntrophic anaerobes. In: Balows A, Truper HG, Dworkin M, Harder W, Schleifer K- (Eds.), *The Prokaryotes.* Springer–Verlag, New York, pp. 2048-2057.

McInerney MJ, Bryant MP, Pfennig N, 1979. Anaerobic bacterium that degrades fatty acids in syntrophic association with methanogens. *Archives of Microbiology* 129-135.

McMahon KD, Stroot PG, Mackie RI, Raskin L, 2001. Anaerobic codigestion of municipal solid waste and biosolids under various mixing conditions--II: Microbial population dynamics. *Water Research* **35**: 1817-1827.

Mosier N, Wyman C, Dale B, Elander R, Lee YY, Holtzapple M, Ladisch M, 2005. Features of promising technologies for pretreatment of lignocellulosic biomass. *Bioresource Technology* **96**: 673-686.

Najafpour GD, Komeili M, Tajallipour M, Asadi M, 2010. Bioconversion of Cheese Whey to Methane in an Upflow Anaerobic Packed Bed Bioreactor. *Chemical and Biochemical Engineering Quarterly* 111-117.

Nath K, Das D, 2004. Improvement of fermentative hydrogen production: various approaches. *Applied Microbiology & Biotechnology* **65**: 520-529.

Nentwig W, 2005. *Humanökologie.* Springer-Verlag, Berlin.

Nettmann E, Bergmann I, Klocke M, 2009. Methanogene Archaea in landwirtschaftlichen Biogasanlagen. *Internationale Wissenschaftstagung - Biogas Science 2009* **2**: 303-318.

Nettmann E, Bergmann I, Pramschufer S, Mundt K, Plogsties V, Herrmann C, Klocke M, 2010. Polyphasic analyses of methanogenic archaea communities in agricultural biogas plants. *Applied and Environmental Microbiology* **76**: 2540-2548.

Neves L, Gonçalo E, Oliveira R, Alves MM, 2008. Influence of composition on the biomethanation potential of restaurant waste at mesophilic temperatures. *Waste Management* **28**: 965-972.

O Lahav BM, 2004. Titration methodologies for monitoring of anaerobic digestion in developing countries - a review. *Journal of Chemical Technology & Biotechnology* **79**: 1331-1341.

Oechsner H, 2008. Vorgehensweise für die gaschromatographische Bestimmung flüchtiger Verbindungen aus flüssigem Fermenterinhalt. *Persönliche Mitteilung.*

Oechsner H, Lemmer A, 2003. Gras ist nicht gleich Gras beim Einsatz in landwirtschaftlichen Biogasanlagen. *Biogas - Eine Bioenergie Mit Zukunft; Tagungsband Zum 9. Thüringer Bioenergietag* 45-51.

Oechsner H, Lemmer A, 2002. Gras vergären: Eine Alternative für Restgrünland? *Biogas - Strom Aus Gülle Und Biomasse.* pp. 92-96.

Olcay O, Kocasoy G, 2004. Acceleration of the decomposition rate of anaerobic biological treatment. *Journal of Environmental Science and Health.Part A, Toxic/hazardous Substances & Environmental Engineering* **39**: 1083-1093.

Ophir T, Gutnick DL, 1994. A role for exopolysaccharide in the protection of microorganisms from desiccation. *Applied and Environmental Microbiology* 740-745.

Orozco A, Nizami A-, Murphy JD, Gromm E, 2011. Evaluation of a pretreatment process for improved methane production from grass silage. *Progress in Biogas II - Stuttgart-Hohenheim.*

Pagés Díaz J, Pereda Reyes I, Lundin M, Sárvári Horváth I, 2011. Co-digestion of different waste mixtures from agro-industrial activities: Kinetic evaluation and synergetic effects. *Bioresource Technology* .

Pitschke T, Kreibe S, Cantner J, Tronecker D, 2010. Ökoeffiziente Verwertung von Bioabfällen und Grüngut in Bayern. *Bifa-Text.*

Pohland FG, 1968. High-rate digestion control III - Acid-base equilibrium and buffer capacity. *Proc. 23rd Industrial Waste Conference, Purdue University, Lafayette, Indiana* 275-284.

Procházka J, Silvestre GM, Fliegerová K, Mrázek J, Strosová L, Dohányos M, 2011. Anaerobic fungi and biogas production. *Progress in Biogas II - Stuttgart-Hohenheim*.

Punal A, Melloni P, Roca E, Rozzi A, Lema JM, 2001. Automatic Start-Up of Uasb Reactors. *Journal of Environmental Engineering* **127**: 397.

Qu X, Mazéas L, Vavilin VA, Epissard J, Lemunier M, Mouchel J-, He P-, Bouchez T, 2009. Combined monitoring of changes in ?13CH4 and archaeal community structure during mesophilic methanization of municipal solid waste. *FEMS Microbiology Ecology* **68**: 236-245.

Raskin L, Rittmann BE, Stahl DA, 1996. Competition and Coexistence of Sulfate-Reducing and Methanogenic Populations in Anaerobic Biofilms. *Applied and Environmental Microbiology* **62**: 3847-3857.

Richter W, Rößl G, 2011. Höhere Verluste bei nicht abgedeckten Silos. *Biogas Journal 2/11* 86-88.

Rieger C, Weiland P, 2006. Prozessstörungen frühzeitig erkennen. *Biogas Journal 4/06* 18-22.

Ripley LE, Boyle WC, Converse JC, 1986. Improved alkalimetriv monitoring for anaerobic digestion of high-strength wastes. *Journal Water Pollution Control Federation* 406-411.

Robinson RW, Akin DE, Nordstedt RA, Thomas MV, Aldrich HC, 1984. Light and Electron Microscopic Examinations of Methane-Producing Biofilms from Anaerobic Fixed-Bed Reactors. *Applied and Environmental Microbiology* **48**: 127-136.

Sasaki K, Haruta S, Ueno Y, Ishii M, Igarashi Y, 2007. Microbial population in the biomass adhering to supporting material in a packed-bed reactor degrading organic solid waste. *Applied Microbiology and Biotechnology* **75**: 941-952.

Sasaki K, Haruta S, Ueno Y, Ishii M, Igarashi Y, 2006. Archaeal population on supporting material in a methanogenic packed-bed reactor. *Journal of Bioscience and Bioengineering* 244-246.

Saucedo-Terán RA, Ramírez-Baca N, Manzanares-Papayanopoulos L, Bautista-Margulis R, Nevárez-Moorillón GV, 2004. Biofilm Growth and Bed Fluidization in a Fluidized Bed Reactor Packed with Support Materials of Low Density. *Engineering in Life Sciences* **4:** 160-164.

Schattauer A, Weiland P, 2004. *Grundlagen Der Anaeroben Fermentation. in: Handreichung Biogasgewinnung Und -Nutzung.* , Leipzig.

Schattner S, Gronauer A, 2000. Methanbildung verschiedener Substrate - Kenntnisstand und offene Fragen. In: Fachagentur Nachwachsende Rohstoffe e.V. (Ed.), *Energetische Nutzung Von Biogas: Stand Der Technik Und Optimierungspotenzial, Gülzower Fachgespräche Band 15*. Weimar, pp. 28-38.

Scherer PA, 2006. Rüben liefern Messdaten: Kombinierte Messtechniken und Softwarelösungen. *Biogas Journal 1/06* 12-16.

Scherer PA, 1995. Verfahren der Vergärung. In: Thome-Kozmiensky K.J. (Hrsg) Biologische Abfallbehandlung - Enzyklopädie der Kreislaufwirtschaft. TK-Verlag, Neuruppin, pp. 373-403.

Scherer PA, 1989. Vanadium und molybdenum requirement for the fixation of molecular nitrogen of two Methanosarcina strains. *Archives of Microbiology* 44-48.

Scherer PA, Dobler S, Rohardt S, Loock R, Buttner B, Noldeke P, Brettschuh A, 2003. Continuous biogas production from fodder beet silage as sole substrate. *Water Science and Technology : A Journal of the International Association on Water Pollution Research* **48:** 229-233.

Scherer PA, Lippert H, Wolff G, 1983. Composition of the major elements and trace elements of 10 methanogenic bacteria determined by inductively coupled plasma emission spectrometry. *Biol. Trace Element Research* 149-163.

Scherer PA, Sahm H, 1981. Effect of trace elements and vitamins on the growth of Methanosarcina barkeri. *Acta Biotechnol.* 57-65.

Scherer PA, Vollmer GR, Fakhouri T, Martensen S, 2000. Development of a methanogenic process to degrade exhaustively the organic fraction of municipal "grey waste" under thermophilic and hyperthermophilic conditions. *Water Science and Technology : A Journal of the International Association on Water Pollution Research* **41:** 83-91.

Schink B, 1997. Energetics of syntrophic cooperation in methanogenic degradation. *Microbiology and Molecular Biology Reviews : MMBR* **61:** 262-280.

Schink B, Thauer RK, 1988. Energetics of syntrophic methane formation and the influence of aggregation. In: Proc. GASTMAT-Workshop, NL-Linteren, Lettinga G. et al. (eds) Granular sluge. *Microbiology and Technology*.

Schlattmann M, Speckmaier M, Gronauer A, 2004. Biogas-Gärtests in verschiedenen Fermentertypen. *Landtechnik* **59**: 338-339.

Schloz D, Schroeder-Caldas U, Pelz S, 2011. Innovative Process of gaining efficient fertilizers from digestates. *Progress in Biogas II - Stuttgart-Hohenheim*.

Schmack D, Reuter M, 2011. Doubling the degradation effiency of biogas plants by adding high performance bacteria. *Progress in Biogas II - Stuttgart-Hohenheim*.

Schmitz N, Henke J, Klepper G, 2009. Biokraftstoffe – eine vergleichende Analyse. FNR, Gülzow.

Schneichel H, 2011. Rechtliche Anforderungen für Kofermentationsanlagen. *20. Jahrestagung Des Fachverband Biogas - Workshop 1*.

Schnürer A, Houwen F, Svensson B, 1994. Mesophilic syntrophic acetate oxidation during methane formation by a triculture at high ammonium concentration. *Archives of Microbiology* 70-74.

Schnürer A, Nordberg Å, 2008. Ammonia, a selective agent agent for methane production by syntrophic acetate oxidation at mesophilic temperature. *Water Science and Technology* 735-742.

Schnürer A, Zellner G, Svensson BH, 1999. Mesophilic syntrophic acetate oxidation during methane formation in biogas reactors. *FEMS Microbiology Ecology* 249-261.

Schöftner R, Schnitzhofer W, Weran N, 2007. Endbericht - Best Biogas Practise - Monitoring und Benchmarks zur Etablierung eines Qualitätsstandards für die Verbesserung des Betriebs von Biogasanlagen und Aufbau eines österreichweiten Biogasnetzwerks.

Schönheit P, Moll J, Thauer RK, 1979. Nickel, cobalt, and molybdenum requirements for growth of Methanobacterium thermoautotrophicum. *Archives of Microbiology* 105-107.

Schüch A, 2010. Ruhende Potenziale erschließen. *Biogas Journal 3/10*.

Schumacher B, 2008. Untersuchungen zur Aufbereitung und Umwandlung von Energiepflanzen in Biogas und Bioethanol. *Dissertation*.

Schütte A, 2010. Energiepflanzen gewinnen an Bedeutung - Sonderheft Energiepflanzen. *Biogas Journal - Sonderheft Energiepflanzen* 6-8.

Seigner L, Friedrich R, Kaemmerer D, Büttner P, Poschenrieder G, Hermann A, Gronauer A, 2010. Hygienisierungspotential des Biogasprozesses - Ergebnisse aus einem Forschungsprojekt. *Schriftenreihe Der Bayerischen Landesanstalt Für Landwirtschaft* 9-34.

Sekiguchi Y, Kamagata Y, Nakamura K, Ohashi A, Harada H, 1999. Fluorescence in situ hybridization using 16S rRNA-targeted oligonucleotides reveals localization of methanogens and selected uncultured bacteria in mesophilic and thermophilic sludge granules. *Applied and Environmental Microbiology* **65**: 1280-1288.

Seyfried CF, Saake M, 1986. Verfahren der anaeroben Reinigung von Industrieabwässern. *Korrespondenz Abwasser* 877-893.

Sharma SK, Mishra IM, Sharma MP, Saini JS, 1988. Effect of particle size on biogas generation from biomass residues. *Biomass* **17**: 251-263.

Siddiqui Z, Horan NJ, Anaman K, 2011. Optimisation of C:N Ratio for Co-Digested Processed Industrial Food Waste and Sewage Sludge Using the BMP Test. *International Journal of Chemical Reactor Engineering* .

Sontheimer A, 2008. Süßstoff für Fermenter. *Biogas Journal 3/08* 46-49.

Speece RE, Boonyakitsombut S, Kim M, Azbar N, Ursillo P, 2006. Overview of anaerobic treatment: Thermophilic and propionate implications. *Water Environment Research : A Research Publication of the Water Environment Federation* 460-473.

Speetzen A, Barchfeld A, Hoffmann V, Zillmann M, Schöne H, 2011. Long Time Storage of Biogas Microorganisms at Low Costs. *Progress in Biogas II - Stuttgart-Hohenheim.*

Stams AJM, Hansen TA, 1984. Fermentation of glutamate and other compounds by *Acidaminobacter hydrogenoformans* gen. nov. sp. nov., an obligate anaerobe isolated from black mud. Studies with pure cultures and mixed cultures with sulfate-reducing and methanogenic bacteria. *Archives of Microbiology* 329-337.

Stams AJ, 1994. Metabolic interactions between anaerobic bacteria in methanogenic environments. *Antonie Van Leeuwenhoek* **66**: 271-294.

Strik DPBT, Domnanovich AM, Holubar P, 2006. A pH-based control of ammonia in biogas during anaerobic digestion of artificial pig manure and maize silage. *Process Biochemistry* **41:** 1235-1238.

Stroot PG, McMahon KD, Mackie RI, Raskin L, 2001. Anaerobic codigestion of municipal solid waste and biosolids under various mixing conditions–I. Digester performance. *Water Research* 1804-1816.

Sutherland JW, 1985. Biosynthesis and composition of gram-negative bacterial extracellular and wall polysaccharides. *Annual Review of Microbiology* 243-270.

Thauer RK, Jungermann K, Decker K, 1977. Energy conservation in chemotrophic anaerobic bacteria. *Bacteriol. Rev.* 100-108.

Thiele J, Chartrain M, Zeikus JG, 1988. Control of interspecies electron flow during anaerobic digestion role of floc formation in syntrophic methanogenesis. *Applied and Environmental Microbiology* 10-19.

Thomé-Kozmiensky KJ, 1989. *Biogas Anaerobtechnik in Der Abfallwirtschaft*. EF-Verlag für Energie- und Umwelttechnik, Berlin.

Tilche A, Galatola M, 2008. The potential of bio-methane as bio-fuel/bio-energy for reducing greenhouse gas emissions: a qualitative assessment for Europe in a life cycle perspective. *Water Science and Technology : A Journal of the International Association on Water Pollution Research* 1683-1692.

Trautwein, Kreibig, Oberhausen, Hüttermann, 1999. *Physik Für Mediziner, Biologen Und Pharmazeuten*.

Vavilin VA, Angelidaki I, 2005. Anaerobic degradation of solid material: Importance of initiation centers for methanogenesis, mixing intensity, and 2D distributed model. *Biotechnology and Bioengineering* 113-122.

Vavilin VA, Jonsson S, Ejlertsson J, Svensson BH, 2006. Modelling MSW decomposition under landfill conditions considering hydrolytic and methanogenic inhibition. *Biodegradation* 389-402.

VDI, 2006. *Vergärung Organischer Stoffe*. Düsseldorf.

Veiga MC, Jain MK, Wu W, Hollingsworth RI, Zeikus JG, 1997. Composition and Role of Extracellular Polymers in Methanogenic Granules. *Applied and Environmental Microbiology* **63:** 403-407.

Voß E, Weichgrebe D, Rosenwinkel KH, 2009. FOS/TAC: Herleitung, Methodik, Anwendung und Aussagekraft. *Internationale Wissenschaftstagung - Biogas Science 2009* **3:** 675-682.

Wang W, Hou H, Hu S, Gao X, 2010. Performance and stability improvements in anaerobic digestion of thermally hydrolyzed municipal biowaste by a biofilm system. *Bioresource Technology* **101:** 1715-1721.

Wangnai C, Rugruam W, 2011. Biogas production from raw palm oil mill effluent using a pilot-scale anaerobic hybrid reactor. *Progress in Biogas II-Stuttgart-Hohenheim*.

Weiland P, 2010. Biogas production: current state and perspectives. *Applied Microbiology and Biotechnology* 849-860.

Weiland P, 2003. *Biologie Der Biogaserzeugung. in: Tagungsband ZNR Biogastagung;*, Bad Sassendorf-Ostinghausen.

Weiland P, 2001. Grundlagen der Methangärung - Biologie und Substrate. In: Biogas als regenerative Energie - Stand und Perspektiven. *VDI-Bericht* 19-32.

Weiland P, 2000. Anaerobic waste digestion in Germany--status and recent developments. *Biodegradation* **11:** 415-421.

Weiß S, Zankel A, Lebuhn M, Petrak S, Somitsch W, Guebitz GM, 2011. Investigation of mircroorganisms colonising activated zeolites during anaerobic biogas production from grass silage. *Bioresource Technology* **102:** 4353-4359.

Weißbach F, 2010. Gasbildungspotential nachwachsender Rohstoffe. *Biogas Journal 4/2010* 84-90.

Wellinger A, Baserga U, Edelmann W, Egger K, Seiler B, 1991. *Biogas-Handbuch. Grundlagen – Planung – Betrieb Landwirtschaftlicher Anlagen.* Wirz AG, Aarau.

Whiticar MJ, Faber E, Schoell M, 1986. Biogenic methane formation in marine and freshwater environments: CO_2 reduction vs. acetate fermentation - isotopic evidence. *Geochimica Et Cosmochimica Acta* 693-709.

Wikipedia, 2011. Polydimethylsiloxan. http://de.wikipedia.org/wiki/Polydimethylsiloxan. accessed: 04/2011.2011.

Wikipedia, 2010. Hägg-Diagramm. http://de.wikipedia.org/wiki/H%C3%A4gg-Diagramm. accessed: 09.11.2011.2011.

Wilken D, 2011. Stand der Reststoffverwertung in Biogasanlagen. *20. Jahrestagung Des Fachverband Biogas - Workshop 1*.

Willms M, Hufnagel J, Reinicke F, Wagner B, Buttlar C, 2009. *Energiepflanzenanbau – Wirkungen auf Humusbilanz und Stickstoffhaushalt.* In: Böden - eine endliche Ressource, Bonn.

Wulf S, Döhler H, Roth U, 2011. Assessment of methane potentials - significance of batch tests. *Progress in Biogas II - Stuttgart-Hohenheim*.

Xie S, Lawlor PG, Frost JP, Hu Z, Zhan X, 2011. Effect of pig manure to grass silage ratio on methane production in batch anaerobic co-digestion of concentrated pig manure and grass silage. *Bioresource Technology* **102**: 5728-5733.

Yadvika, Santosh, Sreekrishnan TR, Kohli S, Rana V, 2004. Enhancement of biogas production from solid substrates using different techniques--a review. *Bioresource Technology* **95**: 1-10.

Zeeck A, Fischer SC, Grond S, 2000. *Chemie Für Mediziner*. Urban & Fischer.

Zellner G, Winter J, 1987. Growth promoting effect to tungsten on methanogens and incorporation of tungsten-185 into cells. *FEMS Microbiology Letters* 81-87.

Zhang L, Lee Y, Jahng D, 2011. Anaerobic co-digestion of food waste and piggery wastewater: Focusing on the role of trace elements. *Bioresource Technology* **102**: 5048-5059.

Zhao H, Yang D, Woese CR, Bryant MP, 1993. Assignment of fatty acid-b-oxidizing syntrophic bacteria to Syntrophomonadaceae fam. nov. on the basis of 16S rRNA sequence analysis. *International Journal of Systematic Bacteriology* 278-286.

Zubr J, 1986. Methanogenic fermentation of fresh and ensiled plant materials. *Biomass* 159-171.

i want morebooks!

Buy your books fast and straightforward online - at one of world's fastest growing online book stores! Environmentally sound due to Print-on-Demand technologies.

Buy your books online at
www.get-morebooks.com

Kaufen Sie Ihre Bücher schnell und unkompliziert online – auf einer der am schnellsten wachsenden Buchhandelsplattformen weltweit! Dank Print-On-Demand umwelt- und ressourcenschonend produziert.

Bücher schneller online kaufen
www.morebooks.de

VDM Verlagsservicegesellschaft mbH
Heinrich-Böcking-Str. 6-8   Telefon: +49 681 3720 174   info@vdm-vsg.de
D - 66121 Saarbrücken   Telefax: +49 681 3720 1749   www.vdm-vsg.de

Printed by Books on Demand GmbH, Norderstedt / Germany